這樣行銷就對了

The effective

social media marketing

權自強

目錄

推薦序／自序

目錄

Part 1 數位行銷的觀念轉型篇

Part 1 數位行銷的觀念轉型篇

目錄

Part 2 數位行銷的工具應用篇

目錄

Part 3 數位行銷的策略改造篇

Part4 數位行銷的未來趨勢篇

Part4 數位行銷的未來趨勢篇

輕鬆走進行銷大門

36 萬粉絲團「律師娘講悄悄話」
林靜如(律師娘)

接觸行銷前,我連 FB 都很少用,現在卻是完全離不開 FB……

大學畢業後,我的工作就一直圍繞著先生的事業,從小吃攤到律師事務所,我總是盡量讓自己是一個稱職的賢內助,直到我意外接觸到了「行銷」,讓我一路從全職家庭主婦蛻變到如今擁有 36 萬粉絲的網紅、作家,也讓先生的事務所業績快速的成長。

現在我成立了娘子軍,身為一個創業者,我相當了解一個品牌從草創到成立、一件產品研發到生產的過程有多麼艱辛,然而不管再好的品牌、再好的產品,若是乏人問津,我想都是徒勞,畢竟如果沒辦法將努力轉為收益,事業應該無法很長久地走下去。雖然我非常幸運,在先生的事務所剛開業之初，業績就一直穩定地成長，但在基於幫助事務所盡快擴張的初衷下，我一直嘗試不同的方法，碰巧耳聞權老師的課程時，我抱著姑且一試的心態參加了，現在想想都覺得非常慶幸當初做了這個選擇，畢竟踏入行銷這道門真的就像鐵達尼號裡救了蘿絲的浮木，幫助了我先生的事業，也幫助我這個中年婦女在社群平台找到新的事業與人生方向！

在現在這個瞬息萬變的疫情時代，找到對的行銷方式對每家企業都是一項必要的課題，市面上也有很多各門各派的行銷大師，每位專家都有自己的一套行銷心法，想當然我在這幾年也上過很多相關課程，我依然非常推薦權老師的這本行銷祕笈，每一步都精準打擊到痛點，讓你輕鬆走進行銷大門，教你避免行銷地雷，不讓你的每一筆行銷費用石沉大海，而是能激起巨浪。

推薦序

有質有量，持續為自己增能

亞斯教主／卓惠珠（花媽）

13 年前跟著權老師學習數位行銷，學得的內容到現在還有效！從花蝶板橋國光影音租書店，到現在因為經營亞斯自閉過動等隱性障礙團體；從經營臉書、經營部落格（得到 2016 年台灣部落格大賽文化藝術類第一名），變成登上維基百科的公眾人物，我受益良多。

權老師要我們經營的不是虛名，而是穩扎穩打的經營一個人，即便是經營公司，經營理念都要有濃烈的人情味存在。經營產品是一時的，經營人卻會影響一世。

在網路上曝光是打造公開版的良民證，權老師在書中分享了一個關於定價的小故事，我看到屬於自己現狀的故事。公部門演講費每場 3 小時 6,000 元，看來是還可以的收入，但歲月的積累讓健康跟體力走下坡，這騙不了人的。我從可以在演講場上滿場跑跳，到現在體力健康都不允許的狀況下，剛好接到企業演講，讓我深深感受到：企業演講讓講師可以有更多充電的時間，籌備更佳的演講能力，也比較不愁吃穿了。

在演講場上，我學習權老師的一個重要精神，就是有「永久售後終生服務」。學生願意問，我就會樂於牽引。身為講師，我為學生更新資訊；身為學生，我跟著權自強老師且在必要時求救，持續為自己增能。

我用 13 年來應證權自強老師課程之優異。不誇張，我兩個月前才又回籠，跟著老師學習最新的直播等行銷資訊呢！資訊會更新，可是行銷態度恆常。這絕對是一本告訴我們經營要有質有量的好書。

根本是，你書架上的行銷顧問！

火星學校創辦人、知名講師、作家
許榮宏（火星爺爺）

我認識權老師多年，讀這本書，我既熟悉又驚訝。

熟悉的是，他完全不藏私，把他會的，你應該要會的行銷技能通通告訴你。一貫的「權自強，全都露」。

驚訝的是，這哪是一本書？以內容之全面，步驟之清晰，它簡直是你書架上的網路行銷顧問！

如果你跟我一樣，需要透過網路經營會員、推廣產品、建立品牌，那麼這本《這樣行銷就對了》，你買回家看就對了。

你一定聽過這種說法：「廣告預算，有一半是浪費的，而且不知道是哪一半。」

這是我們行銷人的心聲。

行銷很重要，品牌很重要，會員經營很重要，但我們的問題是（改一下陳淑樺的歌詞）：我這樣行銷到底對不對？這問題問得我自己好累。

我們更怕那種半吊子建議，天馬行空、理論派、突發奇想、自以為是……不，我們要的是務實做法，可複製的成功經驗。

這本書，完全符合。

社群經營要成功，書上告訴你：氣氛要溫暖有安全感、發言規則要清楚、安排樁腳丟話題、發問一定要回覆。

粉絲團怎麼命名，書中給你簡單命名法：【人名＋做什麼】。比方「跟著董事長遊台灣」、「律師娘講悄悄話」。

這樣實用內容，遍及全書。權老師把他多年實戰經驗分享給你，省得你走冤枉路，省得你繼續浪費不知道是哪一半的行銷預算。

我一年半前，就找權老師來【火星學校】開課。他對學生照顧之全面，一次上課終身服務的大願，常常讓我感動到想掉淚。

在網路行銷這一塊，他真心想幫你。

你呢，讓他幫就對了。

推薦序 網路行銷的葵花寶典

金澤居民宿主人／陳秉忠

很高興又聽到權老師要出書了，而這本工具書就像武俠小說中的葵花寶典，誰能練成誰就能成為武林中的霸主一樣，但練功一事，並非一蹴可及，持之以恆才能真正把功夫學好，行銷這件事也一樣。

我做民宿 18 年了，在過去的經驗裡，只要把客人服務好，環境整理好，大概生意都不錯，近幾年來，民宿更多了，以前一樣下的功夫，卻不一定有一樣的效果。在一次的演講邀約下認識了權老師，他讓我了解不一樣的行銷思維與方法，也更清楚現在市場的面向與做法。 LINE、FB、IG、YouTube、部落客……每一種行銷手法就像武林祕笈中的每一招一樣，都有它獨特的招式，而老師的這本書就是一本這樣的書。

很高興能幫老師寫推薦序，因為我知道這本書真的很適合像我自己想做好行銷卻又不知方向的人來入門，也誠心的推薦給大家，就像書名一樣「這樣行銷就對了」。

推薦序

手把手，教你人流變金流

逗號民宿主人／蘇慧紋

是一本從新手到資深行銷人都可以獲得極大收穫的行銷參考書籍。

誠如權老師在書中提到：「不同網路社群平台有不同的優劣勢，應該使用哪些平台，或是應該怎麼使用，都是行銷人員的重要課題。」權老師在書中從行銷定位開始談起，一路寫到實際操作面，從點到面以淺顯易懂的方式，毫無保留地讓你全部學會。

網路行銷工具日新月異，每天都有新社群平台出現，原先已在經營的社群平台像後有追兵似的不斷更新功能，是行銷人員、中小企業老闆最頭痛的地方。從行銷定位到網站建立、SEO 操作、FB 粉絲頁、LINE 官方帳號，甚至部落格的撰寫、youtube 頻道等數位行銷工具的應用及經營，權老師在此書中手把手的一次講給你聽。

如果看完本書讓你對網路行銷意猶未盡，可以進一步參加權老師課程。權老師的學生都享有「一日學生，終生學生」免費無限回訓的特權，一次聽不懂沒關係，可以再聽一次，聽到完全了解為止；下課後若在執行上遇到任何問題，也可尋求權老師的幫助。不僅在課堂上老師傾囊相授，下課後同學們甚至學長姐，都會不藏私地相互交流與分享網路行銷的大小事，讓你在操作網路行銷上不覺得孤單，因為感覺像似有龐大的智囊團在身後支持著。

經營網路社群平台沒有捷徑，只有不斷的學、持續的做，終能品嘗「人流（點閱率）變金流」的甜美果實。

自序 走對路、做對事，比花大錢更重要！

權自強

我們這代人，很榮幸見證了網路世界的崛起。

我大學時唸的是「社會學系」，研究所唸的是全台灣獨一無二的「資訊社會學」所，所以從很早以前開始，我就對網路世界裡的社會行為有很濃厚的興趣——大家都在網路上做什麼？大家都喜歡用什麼樣的社群平台？為什麼有些人喜歡在網路上消費？為什麼有些人會在網路上聊天交朋友？網路究竟是不是真實世界人際關係的投射或縮影？

因為有這些興趣，所以才會一直投身在「網路行銷」這個領域，從開始工作至今，前前後後超過 25 年，服務過十多間大大小小的網路公司，有網路書店、人力銀行、電子新聞媒體、虛擬主機代管公司、商城類入口網路等等。也因為有這些各種不同類型網路公司工作累積的寶貴實戰經驗，才讓我在成立網路行銷公司、變成網路行銷老師之後，擁有協助大家透過網路，達到真實有效提昇業績的能力。

11 年前，我成立了自己的網路行銷公司，也開始了「網路行銷實戰團體工作坊」課程，這麼多年來，接觸了上千位學員及各行各業的老闆，我發現很可惜的一點是，很多老闆都面對一樣的困境，他們對自己的產品有十足的信心，絕對不輸那些知名品牌，但卻因為過去太埋首在產品開發製作上，忽略了行銷的重要性，所以公司一直沒沒無名，面對龐大的資訊落差無能為力，想迎頭趕上卻不知道從何追起？

這些老闆們只能像無頭蒼蠅般病急亂投醫，到處亂找行銷公司、亂投放廣告，然後都看不到成效，愈行銷就愈焦慮，花錢事小，浪費時間和延誤寶貴的商機才是最可惜的事。

過去，我寫過幾本關於 Facebook 及 Line 的行銷工具書，詳細介紹台灣最重要兩個行銷平台的操作心法，但我發現大家光會使用工具，卻不曉得行銷的核心本質與基本觀念，就像拿著利刃卻不懂得刺向要害的莽夫，最後還是發揮不出太大的力量，不得其門而入。

所以我一直很想再寫一本專門給老闆看的網路行銷入門書，

不講任何深奧的理論，也沒有任何網站操作教學，裡面全都是我親身經歷過的案例和多年累積下來的重要經驗。你只要花一個晚上把這本書從頭到尾瀏覽一遍，就會完全清楚「網路行銷」究竟是怎麼一回事？你們公司現在的問題可能是什麼？現在該從哪裡著手比較好？保證可以少走很多冤枉路，也避免了不必要的資源浪費（所以愈早研讀，可能損失愈少）。

它就像是一份在修練武功之前必須先掌握的「內功心法」，雖然簡單易懂好理解，但一定還是必須要先站好馬步，打下紮實的基礎。只有自己建立了正確的觀念，對網路行銷各領域都有通盤的瞭解，才不會做著做著就迷失方向，被別人牽著鼻子走，最後甚至走火入魔，得不償失。

不僅是針對老闆，我也建議所有想從事網路行銷工作的人都可以先閱讀一下這本書，畢竟在職場不是每個前輩或主管都有時間指點你方向、做法，還是必須要多努力充實自己，這本書就像是你帶著隨身行銷老師，遇到瓶頸就拿出來翻一翻，可以帶給你很多靈感和想法，不會人云亦云，徹底搞清楚很多行銷操作背後的原理，找到解決困境的鑰匙。

網路行銷工具雖然日新月異，但不論平台怎麼轉換，許多核心精神是不變的，因為在每個網路使用者背後都還是一個一個的人，要永遠記得：工具是死的，人是活的。只要掌握了這點，找到正確的方向用心去經營，就一定會看到行銷成果。

Part 1
數位行銷的觀念轉型篇

先開始做好行銷，才開始經營企業

為什麼很多公司做行銷都失敗？

很多公司是突然開始想做行銷這件事的。

之前可能生意都還不錯，覺得只要把自己的產品、服務顧好，客人、訂單就會源源不絕，沒想到有天發現生意好像有走下坡的趨勢，才開始緊張，想著該如何做行銷，才能恢復原本的業績？

在業績已經走下坡時，人的心情會開始焦慮，然後因為加倍努力想要拉升業績，導致團隊的時間、體力都愈來愈不夠用，手上的空餘資金又變得愈來愈緊張，「這時候」才開始做行銷，很容易就會陷入急就章、病急亂投醫的情況。

本來希望花最少的錢，達到最好的成效，如果沒辦法立即看到成效，就想趕快換更有用的方法，結果每個方法都做不到位，來不及看到成效轉換就收手，最後陷入了不斷失敗的惡性循環裡，直到錢都花完，生意還是沒起色時，就只能失敗收攤了。

我經營網路行銷公司很多年，最怕就是遇到這樣的客戶。但現實就是，偏偏會來找行銷公司的就是這種客戶最多！這種老闆會非常斤斤計較每一分錢的成效，希望花 1 元就有帶進 100 元的神奇槓桿成效，又沒有太多時間等行銷成果發酵，希望馬上收穫成果，等到行銷預算很快燒完又沒看到明顯成效時，我們就成了主要的罪禍首，一切的錯都歸咎在我們行銷公司上。

事實上，絕大部份的老闆都搞錯了，行銷公司從來都不是來力挽狂瀾、化腐朽為神奇的，行銷公司更多時候是帶領企業做好「行銷」每一項該做的事，避免走錯冤枉路，最後增加成功的機率。

行銷的前提是原本企業就要有好的制度、產品、服務，這些大部份都不是行銷公司可以給予的，一個很爛的商品，花再多的廣告預算，最後也只是被更多人知道它的爛而已，它不會有一天就突然變成好商品。

成功行銷的正確起手式

正確的觀念應該是，在公司還沒成立之前，就要把行銷放進重要的工作項目裡，並且編列一定的預算（包括人力和資源），然後：

「先開始做好行銷，才開始經營企業。」

什麼是先做好行銷？你可能會問，如果我的公司、產品都還沒做好，怎麼做行銷呢？舉例來說：

- 先做市調，瞭解自己的產品成功機率有多大？
- 先從市場調查知道產品有什麼地方需要改進。
- 如果是開店，也要先瞭解一下周邊環境，看看自己有多少競爭對手？
- 了解店面附近左鄰右舍的消費習慣是如何？
- 調查一下店面真的位在最佳地點嗎？

如果什麼市場環境都不清楚，只憑一股衝動就開了公司，就開始開店賣東西，最後會成功才是一個意外吧！失敗了又能怪誰呢？

舉一個我很久以前的客戶為例。這是一間準備開在士林的牙醫診所，院長早在另一間診所當醫師時我們就認識了，後來因為打算自己創業跑來找我，還記得第一次討論行銷策略約是在他開業前一年，然後大概是在診所開幕前三個月，我們正式開始幫他啟動網路行銷。但院長可不是只有做行銷這個準備，我印象很深刻的是，除了找到好地點之外，他還在好幾個月前就把未來員工集合在一起做職前訓練，還請了專門的美姿美儀老師來指導員工，如何做好每個步驟，讓病人有賓至如歸的服務。

當時我幫他們在網路行銷做的準備，主要有五個方面，以及因應這個新時代所想到的一點補充：

一、當然是成立官網，先建立豐富的內容，做好搜尋優化的準備。
二、提早成立粉絲團，即使還沒開業，就先募集粉絲，找到在地可能的目標對象，創造親切又專業的形象，開始做一些開幕預告。
三、蒐集院長過去曾經服務過的病人名單，通知他們新診所開幕的消息，鼓勵他們回來看診。
四、建立客戶資料庫系統，未來所有病人都要做好 CRM（客戶關係管理）。
五、提早做 SEO（搜尋引擎優化），提升搜尋關鍵字的排名。

六、是我現在想到的補充，如果我們公司那時就有像現在一樣專業的影音團隊，我可能也會先幫院長或醫護人員拍一些衛教影片或形象宣傳影片。

於是，在診所正式開幕時，院長不論是在軟硬體部份，或是虛實整合之間，都已經做好萬全的準備，為了炒熱氣氛，鼓勵左鄰右舍沒病也來坐坐，還舉辦了開募小派對，即使不是來看診，也歡迎來診所吃吃喝喝，參觀一下新環境。

即使沒買關鍵字廣告，因為網站提早操作 SEO，在 Google 搜尋「士林牙醫診所」時他們網站也是名列前矛，透過老病人的回流、新病人的口耳相傳，很快地這間診所就打響了知名度，就診者絡驛不絕。

所有來過的病人，一走進診所，就可以感受到醫護人員無微不至的關心照顧，就好像走進五星級大飯店一樣，這絕對是在其他診所從來沒有過的感受，而且每位醫師都非常溫柔親切，所以病人只要一進來幾乎就被黏住了，就算有些自費項目不太便宜，也有許多人願意跨區千里迢迢跑來看診。但其實沒有多少人知道，這些都是院長在開幕之前多花了幾個月薪水提早找到好員工，並且花大錢幫員工做好職前訓練的結果。

這些成果相當豐碩且持久，「行銷」在其中只是扮演了錦上添花的效果，當然，院長也絕對沒有因為一時成功就輕忽了這件事的重要性，他還是繼續投入不少預算在行銷上，幾年之後甚至培養了一整組自己的行銷團隊，我們公司才慢慢轉做顧問角色淡出，但院長還是持續把員工派來上我的行銷課程，時時讓他們充電吸收新的行銷知識，絲毫不懈怠。直到今天，他們的診所愈開愈大間，生意愈來愈好，唯一的缺點就是，我現在想去找院長看牙齒，都要排很久的隊才掛得到號！

行銷的長期策略規劃流程圖

我做了一張簡易的「行銷策略規劃流程圖」，任何公司開始想做行銷時，負責人都應該先徹底思考一下這張圖上的幾件事，包括：決定你的行銷目標／對象、設定具體 KPI（重要績效指標）、做好 SWOT 分析（優劣分析）、瞭解你的競爭對手、掌握你的行銷資源等等。

全部都想清楚了之後，請務必製作一份詳細的時間表，預定好未來半年或一年要做的事和目標，然後才開始一面照表操課，一面視情況調整。

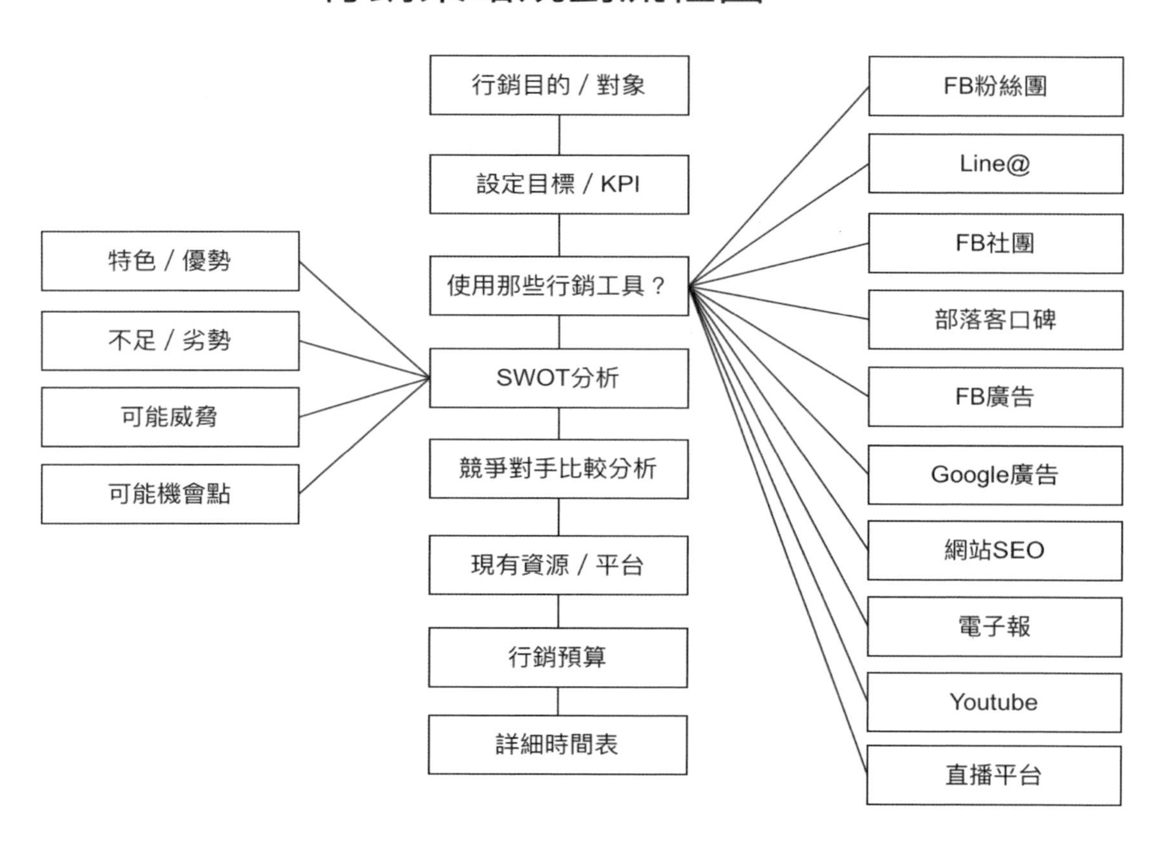
行銷策略規劃流程圖
行銷目的／對象
設定目標／KPI
使用那些行銷工具？
SWOT分析
競爭對手比較分析
現有資源／平台
行銷預算
詳細時間表
特色／優勢
不足／劣勢
可能威脅
可能機會點
FB粉絲團
Line@
FB社團
部落客口碑
FB廣告
Google廣告
網站SEO
電子報
Youtube
直播平台

這個流程圖和時間表是給自己看的，千萬不要造假欺騙自己，那一點意義也沒有。而且，所有的規劃一定要有具體執行的步驟，然後對成果的預期愈保守愈好。當你想得愈清楚，成功的機率就會愈高，如果什麼都不想就一頭熱開始做，等到成果不如預期時才要挽救，那就真的會很難很難，恐怕找再厲害的行銷公司也沒有辦法了。

行銷想要自己來，為什麼往往做不來？

在台灣做網路行銷，要做哪些工作？

曾來上數位行銷課程的學生問我，現在網路社群平台那麼多，究竟哪一個比較重要？如果時間、精力有限，只能選擇一兩個平台來經營，我該選擇哪一個平台呢？其實，不誇張的說，每一個都很重要，但是要想清楚不同平台的經營策略，然後學會用更有效率的方式來運作。

我先條列一下在台灣網路行銷應該做的工作，大抵包括：

1. 想好公司需求與網站內容，買獨立網址，架設一個官方網站或購物網站，做好商品上架。
2. 持續更新網站內容，寫一些和關鍵字相關的好內容，做好網站 SEO。
3. 成立公司官方 FB 粉絲專頁，想有梗的內容定期更新，並且在 24 小時內回覆網友留言或私訊。

4. 如果是有地點的店家，一定要去申請 Google 在地商家，豐富內容之後，想辦法多增加有料的好評論，回覆有意見的評論。
5. 成立 Line 官方帳號，找到最需要的功能串接 API（應用程式介面）外掛。
6. 持續請老、新會員加入 Line 官方帳號，並且開啟一對一聊天，儘量即時回覆訊息。
7. 蒐集客戶完整資料建檔，做好 CRM，利用簡訊或 Email 定期與老客戶保持聯繫。
8. 如果目標客戶以年輕人為主，最好也成立一個 IG 帳號，經常更新好看照片，並且時不時發限時動態與粉絲互動。
9. 成立公司官方 Youtube 頻道，規劃製作影音內容，維持每月至少 1 ～ 2 支影片更新，偶爾做一下直播和粉絲保持互動。
10. 輿情觀察，透過一些第三方追蹤工具知己知彼，瞭解對手動態及最夯的鄉民話題。
11. 必要時需要買一些 Google 關鍵字廣告或 FB 廣告來做導購或搜集名單。
12. 偶爾舉辦網路活動，活絡線上粉絲，真的有空時舉辦線下活動回饋會員，增加黏著度。
13. 在一定預算範圍內找到不錯的 KOL（關鍵意見領袖）來業配或口碑置入公司商品服務。

台灣的網路行銷，應該差不多是以這些工作為主，但是如果要做好上述這些事，網路行銷人員可能必須須同時具備「文案、美編、影音企劃剪輯、架站網管、廣告採買、大數據分析」等等能力才有辦法勝任，就算無法全部都精通，但可能都要略懂，至少要知道如何上網找到資源，如何發問才能找到答案。

為什麼老闆自己做行銷，常常做不好行銷？

對於小公司來說，行銷常常是交給一個人來負責，大家覺得要請到一個這樣多才多藝的人，大概一年得花多少薪水？事實上，就算花得起錢，公司太小的話也未必找得到願意來工作的好人才。

對於大企業來說，上面這十幾項工作，可能分別是由好幾組團隊在負責，不僅如此，還有充份的廣告預算（一年好幾百到上千萬預算）、外包合作團隊可以隨時支援。但對於小公司來說，別說是找一個具備十八般武藝的小編，很多公司連請小編的錢都沒有，只能夠校長兼撞鐘，老闆白天要負責到處開發業務、規劃產品做門市客服，晚上才有空經營一下社群平台，回覆一些緊急的私訊留言。大家覺得兩相比較之下，最後行銷的成果能夠一樣嗎？

我們讚點子是一間數位行銷整合公司，有時客戶來找我們時只有產品，其他全部是一片空白，連目標、公司定位、市場情況都不清楚，希望我們能夠規劃整體的網路行銷策略，並且安排專門的行銷人員協助例行操作。

當老闆看到我們的小編好像也很年輕，不免會有些擔心他們的能力，我就會耐心解釋：我們家小編雖然年輕，對你們家產品也不會比你們的員工還熟悉，但為什麼我們在執行你們公司的網路行銷時，卻常常做得比較好？原因只有一個，因為他只需要做好網路經營這件事，不需要同時去處理其他太多的瑣事。

儘管只要做好網路行銷，工作絕對也不輕鬆，看看上面列出來的十幾件事就知道了，只是我們有時可以比你們公司內部的人稍微更專注一點而已。還有，因為我們是專業的行銷公司，累積了各式各樣客戶的經驗，在執行時可以更有效率一點，不需要走彎路，就比較容易成功。再加上有多一些資源和人脈，做起事來會更加事半功倍。事實上，在我們公司內部也是有部門和分工的，只是畢竟小公司人力比較精簡一些，但小編還是要具備非常多能力才有辦法勝任。

我要說的結論是，老闆們千萬別小看網路行銷這份工作，要做到滴水不漏、持之以恆真的很不容易，光靠自己一個人單打獨鬥是很難成功的：

如果真心想把行銷工作做好，最好還是要事先規劃預算，找一個專職的行銷人員來協助，或是外包給專門的整合行銷團隊。

要知道，網路行銷的環境變化很快，各項網路工具汰舊換新的速度飛快，去年才剛冒出了 Podcast，如果以後和大陸的商業活動又重新開放，店家說不定又要開始經營微信、微博、小紅書等等，行銷人員必須不斷充實自己，才能一直站在行銷最前端的浪尖上。

如果你們家現在已經有一位專職的行銷人員，請一定要好好珍惜這個什麼都要負責、什麼都要做、24 小時不能休息的萬能小編，否則等到你必須自己跳下來做那一堆行銷工作時，就知道工作有多麼繁雜和不易了。

市場調查不是收問卷就好，行銷常犯的錯

為什麼行銷最重要的是先做好市場分析？

我上大學的時候，並沒有叫做「行銷系」的科系，稍微比較接近的可能是「大眾傳播系」或「企業管理系」，當然，如果那時就有行銷系，我也不一定會去考，誰知道唸完出來要做什麼？不過，我當時選了一個比行銷系還看不出來未來出路的科系「社會學系」，而且不但大學唸的是社會學，研究所還是繼續唸「資訊社會學」。它還是一個空前絕後的科系，因為種種因素，這個研究所後來被併掉了，就再也沒有這個所了。

社會學在學什麼？表面看起來是學習馬克思、韋伯、涂爾幹等等大師的理論，其實我們是在學習思考方法，透過各種不同的學說去觀察這個社會的運作邏輯。不單是研究真實社會，還要研究全世界這個沒有邊際的虛擬社會。當初我唸的「資訊社會學系」可能是後來最適合從事「網路行銷」工作的搖籃，可惜現在已經不存在了。

除了社會學理論，我們在求學時期還學會了最重要的「社會研究方法」、「社會統計方法」，具體上課內容我就不多說了，現在回想起來，這兩門學問應該對我後來研究怎麼幫客戶做行銷導購有潛移默化的幫助。

這也是這篇文章要和大家分享的重點，所有公司在做任何銷售之前，都應該要先做好「市場分析」的功課，甚至可能在你辭職創業之前，就應該要先研究清楚整個市場環境，以免走錯了冤枉路。

創業的人都有很大的盲點，總覺得自己想的方向沒錯，自己的產品宇宙無敵好，自己找到了一個完美的解決方案，只要照這樣全心投入下去做，假以時日就一定會成功。一般來說，這種過份樂觀的態度，通常也是導致未來失敗的主要原因。反而是先抱著悲觀態度，做最壞的打算、然後做好最充足的準備，謹慎踏出每一步比較有機會成功。

想要避免進入自己美好想像的誤區，就應該要先做好市場調查工作，知己知彼，才能百戰百勝。

現在其實有非常多專業的市場調查公司在做這一塊，不妨先去諮詢一下。大抵來說，市調主要分成兩種：

- 一種是量化調查。
- 一種是質化調查。

前者主要是設計好問卷，用科學的抽樣方法找到一定比例的測試者，回收問卷之後進行詳細的數據交叉比對。

後者則是比較偏向一對一、一對多的「訪談」方式，透過資料收集、文本分析，去歸納整理出有用的資訊。

我沒正式在市調公司工作過，但很久以前曾經參與過幾次和選舉相關的民意調查工作，大概知道他們工作的流程，當然，那都是在「前網路時代」的事了，當時很多調查工作還是靠撥打市內電話來進行，我相信到了「網路時代」，應該是完全不一樣，會有更多有效的調查方式才對。

量化調查是專業工作，行銷常常會搞錯

我們先來聊聊「量化調查」這件事。想要完成一個可靠的量化調查，中間的眉眉角角很多，包括問卷設計、抽樣方法、問卷調查方式、資料整理與分析等等，每項都是很大的學問，要如何設計一份有效的問卷調查題目，才能夠很客觀又確實得到你想要的結果？要如何抽樣選出足夠的受

訪者樣本才具有代表性？又要如何排除可能故意作假的回答內容？最後回收的一堆數字結果又要怎麼分析比對，才能得到有用的內容？

這其中只要有一個環節出錯，調查出來的內容就可能會有很大的誤差。從前光是抽樣就是個大工程，在統計學裡，要如何隨機抽出足夠的樣本數，其實是有很嚴謹的流程。

舉最簡單的例子來說，如果現在正在總統大選期間，我想知道全國投票人口當中，每個候選人的得票率可能多少？那要如何進行呢？總不可能問到兩千萬人的意願，所以要進行隨機抽樣，那要抽多少人才夠呢？要怎麼分層進行隨機抽樣，抽出來的這些人才能具有一定代表性呢？不同的性別比例、年齡比例、抽樣方式，會不會對最後結果導致誤差呢？最早以前還是用電話簿黃頁上的市內電話，現在可能是用手機名單或網路民調，但你又怎麼知道這些抽出來的名單具有代表性呢？

以上這些都是市調公司的專業 Know-how，我們雖然都知道當回答的人愈多趨向普查時，這個結果可能就愈準，但當要收集的問卷愈多，就得投注更多的時間、心力和資源才做得到，所以必須找到一個人數和費用的平衡點，也因此，以前都是透過電話＋人工或語音問答，現在很多時候為了節省成本，所以會把回收問卷的整個流程都在網路上完成。

很多行銷人員因為完全不懂「市調」這件事，所以他們搜集問卷結果的方法有些不科學，最常見就是在網路上開啟一個 Google 表單，然後透過網站本身流量、廣告、會員粉絲、親朋好友等等方式，在一定期間內搜集到的所有結果，就是「市場調查結果」了。

這種結果經常很容易會有很大的偏差，因為你可能搜集到的都是本來就是認識你、接觸過你的舊名單、老訪客，他們壓根無法代表所有的群體，尤其是那些還不認識你們公司的人！

所以那個結果真的僅供參考而已。我看過一些公司動不動就會發新聞稿公佈他們的最新市場調查結果，裡頭的數據都是這樣搜集來的，反正記者只想看簡單數據和聳動推測結果，至於數字怎麼來的從來都不重要。

行銷做問卷調查時，一定要記住的事

那在如今網路時代究竟應該怎麼抽樣才會最精準呢？這個問題可能要請教市調公司才能回答。我個人的看法是，你還是可以用上述方法來回收你想問的問卷，但請記得抱著幾個心態：

一、抽樣時的範圍儘量涵蓋愈全面愈好，人數愈多愈好。
二、這些網路回收的問卷結果真的僅供參考，不要完全相信。
三、如果要連續做很多次的抽樣市調做前後對比，請你務必秉持每次都用一樣的抽樣流程方式，最後結果才有可比較性。

除了量化調查之外，質化調查也很重要。質化調查可以用一對一的訪談，也可以用焦點團體訪談，一樣事先設計好題目，再透過大量的對話過程，來得到一些具體的意見和想法。當然，怎麼找人、怎麼進行訪談、怎麼從逐字稿中篩選歸納整理出重要資訊，又是另外一門學問了。不過，質化調查有個好處，做調查的人通常一開始就有心理準備，這不會是一個科學的結果，只是吸收各式各樣的意見而已，所以相對比較客觀一點，不會完全相信這些結果。除此之外，因為有時是用開放式的對談方式，可能會不小心在過程中收穫一些有創意或出乎意料之外的好意見。

質化調查真的是更費時費力，有時光找到合適的受訪者就很不容易，訪談完還要整理大量逐字稿，過濾出各式各樣的資訊，也是一件大工程，做完一次完整調查可能和寫完一本論文所花的精力差不多。

不論是量化調查或質化調查，雖然都不容易，但卻是所有老闆或行銷人員在產品推出前應該先做好的工作，簡單說，如果大家都可以秉持一種比較科學化的工作思維，不要只靠猜想或直覺，可能最後會提高不少成功的機率：

市調做好了找對方向，也有可能會減少很多不必要的行銷浪費！很多人以為市調是產品經理的工作，但其實對行銷人員更加重要，如果自己沒能力執行，也可以委託專業的市調公司來完成。

為什麼你應該開始做會員經營？

會員經營已經成為行銷熱潮

2020 年有一個默默在發生的網路行銷趨勢，不曉得大家有觀察到嗎？就是「會員經營」突然變成每間公司都必做的顯學，一夕之間，7-11、全家就不再發送點數卡，開始全力狂推自家的專屬 APP，全聯更加嚴格，現在結帳時連報電話號碼都不行，一定要開啟掃描 APP 才能累積點數。不過，截至 2020 年底，這個使用 APP 做的會員經營還只流於表面，相信未來會有更多更深度的運用。

其實，會員經營本來就超級無敵重要，只是不曉得為什麼台灣落後了很多很多年，在 2020 年才開始正式重視這件事（當然，也可能剛好大家的 APP 都在最近改版完成上線）？

大家都瞭解會員經營的重要性究竟在那裡嗎？絕對不只是透過會員集點，累積忠誠度，或是透過 APP 可以即時傳送最新優惠或產品訊息這麼簡單而已。

「會員經營」背後最重要的核心精神，其實是在做「使用者行為大數據觀察與交叉分析比對」。

有會員經營才能建立忠誠顧客

我們用一間便利商店來舉例好了。在沒有做會員經營之前，我們只能知道每日交易筆數、營業額，以及每個品項的銷售情況，但加入了會員基本資料之後，這些數字就變得更有意義了。

我們把每天來店會員的性別、年齡、時段，與每個人的消費內容、金額做交叉比對，會看到很多有趣的觀察，例如：

- 某個性別、幾歲的人，都會在什麼時段買什麼東西（或使用什麼服務）？
- 某個商品都是某種人在買，所以在排貨時應該要放在那個人會買的其他商品旁邊，會增加被購買的機率。
- 每個人每月平均消費幾次？平均消費金額多少錢？哪些人是這間店這個月消費次數最頻繁的人？哪些人又是消費累計金額最高的人？針對這些 VIP 客戶後續要做什麼行銷運用才好？

便利商店的客人多半是左鄰右舍，只要是稍微比較用心的店員，都知道哪些是熟客，會主動親切的打招呼或互動，但因為店員流動率很大，所以這種熟悉感並不容易傳承下去，或許這也是便利商店和傳統柑仔店最大的不同。

然而，如果未來用 APP 做會員經營的功力再更進一步提昇，透過上述大數據的分析比對，找出店裡的 VIP 黃金客戶，每次他只要一打開手機 APP 消費累積點數，就在櫃檯電腦螢幕上跳出提醒警告，讓店員對這些客戶給予格外的禮遇優惠。

這絕對會更加深他們的忠誠度與黏著度，甚至還可以針對重點客戶，提供一些別人沒有的專屬服務，例如送貨到府之類的。

會員經營是分眾行銷的基礎

不僅如此，我們還可以針對不同興趣的客戶，推送給他們才有興趣的新產品訊息，透過分眾行銷來更有效提昇業績。

透過會員消費內容分析，知道在有限的貨架上，什麼產品應該上架多少份，可以降低庫存壓力；什麼產品應該放在什麼位置，可能會比較好賣等等。

撇開隱私權，透過會員的每一筆消費內容，其實我們還會知道很多很多事，說不定有很多是連你另一半都未必知道的事。你總喜歡在回家前買一支冰棒偷偷慰勞自己工作一整天的辛勞；你為什麼在情人節買了 3 盒金莎巧克力？你都平均多久買一次保險套？更可怕的是，再更久之後，透過會員資料和消費資料的累積，有一天，說不定我可能比你自己都還瞭解你，別忘了，你們在便利商店做的事可能不只是買東西而已！

這只是光整理一間便利商店的會員資料和消費資料，可以仔細分析用來行銷的地方就太多了，如果把全台灣所有便利商店的所有會員都一起進行分析，再結合銷售地點、店面型態、族群分佈等等因素，從這些大數據裡可以觀察出來的消費行為就會愈發精準，再透過一次次的行銷活動、訊息推播的實驗結果，絕對、一定會讓行銷成果愈來愈提昇的。

我深深相信，這才是最重要的會員經營重點，當然，對於這些大企業來說，我說的這些也很可能早就默默在進行運作了，只是我們都不曉得而已！

如何打造成功的網路社群經營？

網路社群和實體社群有何不同？

網路社群經營是個流行很多年的詞彙，但大家真的搞清楚什麼是「社群經營」嗎？誰需要經營社群？經營社群有什麼好處？社群又該怎麼經營？今天來和大家好好探討一下。

其實，網路社群和實體社群很像，只是成員間彼此溝通感情的工具從實體對話變成網路文字而已。

在真實世界裡，一般來說，知名度愈高、朋友愈多、人緣愈好的人，通常都比較有影響力，這些人為了更有效發揮這些影響力，會發起一些組織，自己來當個會長、理事長之類的，再找來幹部，然後透過一些活動或聚會，大家一起去完成某些事。

在網路世界裡，大部份的情況也是很類似，由一個比較有名的人，成立一個虛擬平台，把粉絲、學生、親朋好友等全都聚集在一起，然後透過舉辦活動、發起話題，讓大家進行互動，最後達到交流的目的，或促使大家去做某一些事。

網路社群和實體社群最大的不同是，有時發起的這個人不一定要那麼有名，甚至可以隱身在背後沒人知道是誰，單純靠一個「主題」來發起社群。

大家不一定是響應某一個人，而是對那個主題有共鳴就加入了，加入社群的人來自天涯海角，從頭到尾互相也不用認識，可能就只是在那個特定的社群平台上互動而已。

但我覺得要成為一個「網路社群」，應該同時包含四個要件：

- 平台
- 主題
- 人
- 互動

這四個要件缺一不可。

網路社群需要平行多重互動

四大要件其中最重要的是「互動」，而且，要經營一個成功的社群，最好能夠做到「平行多重互動」，而不是一對一的單人或單向互動。

網路社群通常沒辦法在一夕之間養成，當人群慢慢匯集的同時，也需要主持人不斷煽風點風，讓人群在裡頭開始做一些互動，一開始可能是被動的去回答某些話題（例如自我介紹），等到某天有人敢在你的社群裡也「發起話題」或「提問」時，你的社群就踏出成功的第一步了。

再等到有些人會上去主動回答問題，再有第二個、第三個人開啟新話題時，你的社群動力就開始慢慢形成了。就好像鑽木取火，透過一個小小的火種變成火苗，然後變成火堆，最後蔓延變成一片大火。

什麼是真正經營網路社群的工具？

回到大家現在比較熟悉的社群平台例如 FB 和 Line。嚴格說起來，FB 上的粉絲專頁和 Line 上的官方帳號，都不算是經營社群的好工具，雖然它們都符合我前面說的四個要件，但在最後的「互動」上卻常常流於單向互動，沒有做到平行多重互動。

沒有多對多雙向互動有什麼大不了？我覺得只要炒不起互動

的氣氛，這個社群就是死的，死的社群就不叫社群了。

說實話，很多人根本不把粉絲專頁和 Line 官方帳號當成經營社群的工具，而是把它們當成「發電子報」或「佈告欄」的工具而已。大家可以檢視看看自己發文後的回應是不是都很少？就算有人回應，也只是針對你的內容回應，其他人會在貼文下方你一言我一語的互動其實並不多（Line 官方帳號只有在貼文串裡有這個功能），更不用說在你的專頁裡發起自己的話題了。

台灣早期比較重要的社群經營工具，應該是 BBS 和討論區（論壇），這些當然還是很多人在用，但現在更多人使用的是：

- FB 的社團
- Line 的聊天群組

Line 社群雖然人數放寬到 5,000 人， 但兩者都會不斷跳出未讀訊息造成干擾，內容又容易被洗版找不到話題，所以 FB 社團應該是現在最重要最多人用的社群經營工具，但 FB 社團人人會開，開了之後要怎樣才能經營成功，未來又可以如何利用社群經營獲利，是接下來想和大家分享的地方。

成功的社群要怎麼經營？

首先，在成立社團前，你必須先想清楚一件事：你究竟想透過這個社群吸引哪些人聚在一起？這和你要取什麼名字息息相關，一個很簡單明瞭的主題名稱，會很容易幫你找到對的族群，例如「我是 XX 人」或是「Costco 好市多商品經驗老實說」，就很直白點出主題。

相反地，如果名稱取得太過隱晦或模糊不清，那會很難吸引人加入。一般來說，名稱裡如果加上一些「交流、互動、園地」之類的字眼，聽起來對後進來的人會更有親和力一些，他們加入之後也可能會更願意主動發言。

其次，就是找到熱心的人，像是管理員或版主，還有願意經常主動發起話題的人、願意主動回覆問題的人，甚至看到有人上來打廣告會勇敢提出檢舉的人，這些熱心的人通常都是無給職義工，完全靠著網友的回饋和對主題的興趣維持下去，所以主持人要看到他們的用心，經常適時的給他們實質或口頭鼓勵，是非常重要的一件事。

偶爾也可以舉行一些實體聚會，讓虛擬的網友之間增加一些實體的感情，可以讓這種熱情燃燒更久一些。

當社群愈來愈大時，維持秩序會變成最費時費力的工作，每天都會有人來向管理員抱怨東抱怨西，所以最好一開始就要制定好遊戲規則，然後與時俱進修改這些規則，不是一成不變。規則愈清楚，未來在管理時也會愈有依據，如果沒有訂清楚規則，後續可能會衍生很多不必要的糾紛。

有了清楚的主題，有了熱心的人，最後就是要想辦法讓「互動」的火種延續下去，能夠讓成員不斷發言是一件最重要的事，只要每個人在這個社群裡都有至少一次成功的發言經驗，就很可能會再說第二次、第三次。最常見的方法就是請每個新進來的人做自我介紹，不只是簽到而已。

我最近加入一個國外的直播軟體社團，那個版主竟然在審核我們加入之後，還發了一篇文一一標籤每位新成員（一批加入有上百人）表達歡迎之意，然後請大家在那則貼文下繼續互動。於是我就一直收到那個社團的提醒通知，想不回去看都不行。

除此之，我覺得如果要讓大家願意發言互動，還有以下幾個要注意的關鍵：

一、如果是私密社團，要讓新成員感到溫暖和安全感。

二、制定清楚發言規則，並且嚴格執行，避免互相謾罵。

三、安排樁腳固定發起吸引人回覆的有趣或爭議話題。

四、版主可以愈來愈少說話，但一定要上去幫忙回覆沒人理會的問題。

以上，是我覺得社群如何透過「好主題、熱心人、常互動」來達到活水的幾個關鍵。

如何透過成功的社群獲利？

當你花了偌大的力氣，把社群愈養愈大、愈養愈成熟時，要去思考的就是要如何才能透過社群來獲利？當然，如果純粹是個人興趣，可以直接跳過這一段。但如果是企業想透過社群來獲利，就必須要好好思考規劃一番。

最粗暴的方式就是直接在社團打廣告宣傳產品、服務或課程，而且只有我版主能放，你們其他人都不能放，如果這個社群名稱很清楚就是某間公司經營的，加入的成員早就有心理準備，這大概不會有什麼問題。

另外有一種方式，是在社團經常舉辦一些抽獎活動，讓成員留資料得到名單，再透過這些名單做後續行銷。

其他比較細膩的方式，則是會利用一些樁腳，在社團中利用影響力發起一些可能左右觀感、帶動風向的話題，當然，你能做別人也能做，有心人也可以利用這種方法去說他們家產品的好話，其實是防不勝防的。

最後，關於社群這件事，我還有一個天馬行空的想法。我覺得一個成功的社群通常需要靠很多人共同的投注灌溉才能經營起來，等到它終於成長茁壯之後，就誕生了自己的生命，只要有愈多人繼續用愛心熱心投注在那個社群裡，它自然就會產生愈多的回報，不用設想太多，它最後有可能會帶給你意想不到的收益喔～

經營社群平台最重要的成功關鍵就是人味

熱門社群帳號的共通鐵則

不曉得你有沒有想過，為什麼那些網紅的 FB 粉絲專頁或 IG 帳號，動不動就幾十萬粉絲（或追蹤者），你們公司的粉絲專頁，花了大錢努力曝光，粉絲成長卻超級無敵慢？其實答案很簡單，他 / 她們的帳號都是用「人物」的角度在經營，但你們公司的帳號卻是用「官方」的角度來經營，結果當然大相逕庭。

有上過我課的同學，一定都會聽我苦口婆心的再三勸告大家，社群經營最重要的就是「人味」二字，不論是那一種社群平台，想要成功，都離不開這個重要的關鍵因素。

如何在社群展現人味？

在很多地方都可以展現你的人味。

首先，光是 FB 粉絲專頁的命名就可以儘量多一些人味，即使是一間以營銷為目的公司，也不一定要非得取個硬梆梆的名稱。我舉幾個朋友的粉絲專頁為例，大家有聽過「可道律師事務所」嗎？可能沒有，但應該很多人都聽過「律師娘講悄悄話」吧？同樣地，大家有聽過「希羅亞旅行社」嗎？可能也沒有，但你們一定都知道「跟著董事長遊台灣」這個國內最大的旅遊類粉絲專頁才是。他們都是用人味名稱粉絲團經營很成功的例子。

這樣的例子我還可以舉很多，或許這些企業還是另外有一個粉絲專頁是以「公司名稱」命名，只是為了方便大家搜尋到，上頭只放一些官方消息，不用常常更新，但他們真正經營比較成功的通常都是那些以「人味導向」為主的粉絲專頁。

道理很簡單，沒有人會想和一間公司互動，大家在社群平台上真正想互動的是人。粉絲專頁名稱直接就帶出了人味角色，當然會給人的感覺更有親和力一些。

除了粉絲專頁名稱有人味之外，發文的角色和語氣當然也要帶出人味。這年頭，許多粉絲專頁發文時都會用「小編」自稱，其實我覺得這不一定是最好的方法，因為小編太通俗了，感覺不出特色，最好可以先發想一個人味角色，而且發文時直接用「第一人稱」口吻來發文：「我覺得如何如何」，而不是「小編覺得如何如何」，這樣才不會好像在講別人的事情，更可以拉近和粉絲之間的距離感。

其實，即便你們粉絲專頁的名稱看起來很官方，還是可以創造一個虛擬角色來和大家互動。例如一間火鍋店的粉絲專頁，就可以發明一個店長或大廚來和大家對話；一間客運公司的粉絲專頁，就來發明一個老司機帶大家看看行車、旅遊路線。這些角色不一定要是真人，可以是虛構的，但應該在創建粉絲專頁時，大家就要先一起定位清楚這個角色的「設定」是什麼。

暱稱、性別、年齡、外型、背景、個性等等都要先設定好，然後背後經營的小編們就要照著這個「人設」去演出，包括他／她出沒的時間、分享貼文的內容與種類、寫文的說話語氣等等，儘量要符合原先的設定，這樣大家才會對這個人物角色愈來愈有印象。

舉例來說，之前我們公司曾經經營過一個「XX 中草藥觀光工廠」的粉絲專頁，這間工廠的名稱聽起來就很生硬，所以我們思考了一下，就把粉絲專頁取名叫做「XX 阿嬤的中藥保健園地」，這個「XX 阿嬤」就是我們創造出來的角色：「她年紀大概六十幾歲，講話（文章中的用語）有點台灣國語，每天都不到九點就睡了，所以太晚的留言她看不到，但每天早上五點多就起床和大家問好。阿嬤很關心大家的健康，會經常和大家分享一些中草藥的保健小常識，偶爾也會聊聊農民曆或一些民間習俗。」

這個阿嬤實際背後操刀的小編才二十幾歲，但還是要想辦法去揣摩、融入一個阿嬤的角色，用這個角色和所有的粉絲互動。經營到後來，甚至有人到觀光工廠去參觀時，還指名想找阿嬤，當然不可能找到，因為那是虛構出來的人物，但也由此可見小編在粉絲專頁上的演技真的還不錯。

所有社群經營都從人味出發

有人味，才有互動。這個道理不只適用於 FB，對所有的社群平台都一樣。Line 的官方帳號也是看起來愈沒有人味，就愈不會有人想和你互動。但因為 Line 官方帳號認證時名稱一定要和「營利事業登記的公司名稱」相符，所以像我們公司的官方帳號就不能取名叫做「權自強」，只能叫做「讚點子數位行銷」，看起來就非常的官方。

為了讓我們公司的官方帳號多一點點人味，我會故意在歡迎詞的最前方加上一張我的相片，並且用「權老師和大家問好」的口吻自我介紹，而不是放太制式的官方公司簡介。

不僅如此，我每次在 Line 群發訊息時，開頭一定是用「哈囉，我是權老師，今天我要和你分享……」來拉近和粉絲的距離；而且儘量多多開啟「一對一聊天功能」，只要粉絲有問題詢問，我一定會儘量親自和他們對話互動，而不是設定關鍵字回應或聊天機器人。以上這些都是我在 Line 上展現人味的方法。

大家永遠不要忘記，不論是 FB 或 Line，這些社群平台發明的初衷，都是為了增加「人和人之間的互動」，並不是為了讓我們打廣告、賣東西用的。

所以當你可以展現愈多人味，愈貼近人和人之間相處的方式，你才愈有機會把社群平台經營成功。

網路評價的重要性與處理負評的方式

台灣主要的網路評價管道有哪些？

看到新聞說，某警察局要求同仁想辦法在 Google 評論上增加五星評價，如果是真的，這是一個有趣又荒謬的新聞，但同時也反映出「網路評價」在不少人心中重要或可怕的程度。

台灣現在比較流行的網路評價有幾個管道：

- Google 地圖上對地點的評論。
- FB 粉絲團上對店家的打卡評論。
- 第三方媒合平台（如 Booking）上使用過客戶的迴響。
- FB 社團或靠北粉絲團上的爆料抱怨。
- 寫在自己部落格上的記錄。

這也是一般大公司在做輿情觀察、危機處理時最重要的管道。

前幾年，最重要的評價管道都還是來自於 FB 上的打卡，有可能是FB發現給星星這件事的負面影響太大，後來改成「是否推薦」，並且要給出具體的意見，突然之間就少了很多爭議，但使用的人似乎也沒像從前那麼踴躍。

這一兩年來的後起之秀是 Google 地圖上的評論系統，就像 Podcast 一樣其實是個老服務，但在台灣沒有其他更好的評價系統出爐之前，突然就一夕火紅了起來。最明顯的觀察指標，就是以前你到任何門市消費後，他們會用小禮物換取你幫 FB 粉絲團按讚打卡，現在一樣送小禮物或給折扣，卻改成請你到 Google 評論上打 5 顆星寫好評。

這種評價系統一直是雞生蛋、蛋生雞的運作方式，當使用者愈多時，評論就愈有價值，看的人也就愈多；相反地，如果都沒什麼人給評論，看的人少，沒有參考價值時，就很難做起來。所以 Google 評論雖然由來已久，但始終處於一種鴨子划水的狀態在慢慢成長，直到 2020 年，就突然變成一個很重要的行銷必爭之地了。

Google 地圖評價要注意的作弊手法

說實話，Google 評論是一種很容易「運作」的行銷機制，只要有 Google 帳號，誰都可以輕易寫評論，人不用在附近、不必附上照片，甚至不用寫下意見，只要打星星就好。不論是剛申請的 Google 帳號，或是使用 20 年的 Google 帳號，在評論的世界裡擁有一樣的殺傷力或獎勵效果，雖然寫過較多評論的人可以得到「在地嚮導」之類的頭銜，但並不代表你的星星就有更高的權重分數，更無法證明你的評論就更有公信力，只能證明你「很愛評論」而已。

所以，如果有一間行銷公司利用人頭假帳號到處洗評論，也不用多，按照目前各個店家的評論數來看，只要有 100 個假帳號，恐怕就很容易影響大家的觀感了，而且如果是懷著惡意打壓的目的，千萬不要給 1 顆星，因為那很容易就引起老闆注意，甚至引發後續爭議，只要給出 3 顆星，然後寫上「很普通、不如預期」之類自由心證般的含糊評價，也不要一下子灌進太多評價，只要平均每周來 1 ～ 2 個這種評價，兩、三個月累積下來，就會造成很可怕的後果。

設想一下，如果在一個旅遊競爭激列的區域，附近其他旅館的分數平均分數都在 3 ～ 4 分左右，只有你的旅館平均分在

4.5 分，而且幾乎都是好評，不知情的客人會做何選擇呢？

這是不是一件很可怕的事？或許是我危言聳聽，然而，到如今我並沒有看到 Google 針對這個已經開始影響店家生意的評論系統，做出太多防弊的機制，還是有賴網友自己判斷，多相信有附照片，並且有寫出具體優缺點的評論，那種只給星星或是看起來都大同小異的正負評，就直接忽略不管了。

正確善用 Google 地圖評價的方式

撇開以上的作弊手法，站在店家的角度，究竟要如何善用 Google 的評論機制呢？我覺得有以下幾個重點：

1. 如果剛開幕或剛開始使用 Google 商家，請務必邀請親朋好友來消費給好評，但大家最好不要擠在同一段時間，寫的內容也看起來愈豐富愈中立客觀愈好，目標是在 1 個月內累積 50 則以上獲得 5 顆星的好評。
2. 更積極鼓勵客戶一定要上傳相片，並且寫超過 30 字以上的評論，最好不要和別人千篇一律，然後給予有寫的客戶「好一點」的禮物回饋。
3. 多規劃不同的禮物，滿足每個人想要的，即使是一群人來消費，也要讓每個客戶都願意給評論，一個都不放過。

4. 具體計算不同店員幫店家得到的好評數，給予實質獎勵。其實，客戶會不會打評論，除了好禮物之外，最重要的關鍵在於接觸顧客的店員是否有開口努力遊說，所以也要給店員足夠的誘因才行。
5. 時時刻刻關注自己 Google 評論上的每一則留言，如果有負評時一定要立刻回覆處理。可以聯繫得到客戶時就親自釐清問題，並且有誠意的致歉、給予補償，聯繫不上客戶時，如果查出來真是自己店家的問題，一定要虛心承認錯誤、檢討改進。
6. 如果遇到無理的差星負評時，請先仔細觀察是惡意的還是客戶真實感受（即使你不認同他的感受），如果是前者，可以請他舉出更具體的意見，給你們改進的機會；如果是後者，雖然看了讓人不爽，但還是按耐下脾氣，誠懇的一一感謝回覆較佳。
7. 好評論的持續性更重要。一般人都會比較相信最新的評論，所以比起糾結在一兩個負評上，還不如多花心思持續創造好的評論，平均每周至少都要新增 2 ～ 3 個評論較佳。
8. 如果外國觀光客對你很重要，記得要多創造不同語言的好評，Google 商家的內容（如菜單或型錄）也要放上不同語系的版本，否則絕對不會有外國人來造訪。

處理網路評價的方式

大家一定要瞭解一件事，客戶只要給出了負評，如果他們是真實客戶而不是惡搞的人，店家解釋再多理由，都很難在事後改變他們的想法，更重要的永遠是那些「在一旁圍觀」的與後來的其他客戶們：

大家固然會在意負評，但更在意的是店家面對負評的態度。

如果老闆真的有把負評看進去，並且表達虛心檢討改進的態度，後來又出現了一些好的評價平反，相信許多人都還是會再給店家機會去消費的。

而且別忘了，客戶願意在你看得到的地方給負面評論，也是需要勇氣的，至少我們還有回覆應對的機會。如果他們寫在自己的部落格、FB 爆料公社，或更慘的靠北 XX 系列粉絲團上，等到你輾轉從別人那裡聽說這些評論時，可能看到的人不曉得已經有多少，說不定就演變成更嚴重的公關危機了。

有時，多抱著一點感恩的心去面對客戶的意見，永遠是最好的應對方式。

賣產品和經營品牌何者重要？

我有一個從香港來台灣創業的朋友，本身是攝影師，所以想在台灣開攝影課程，他問我要怎麼開始做行銷？我們交換了一些意見之後，聊到一個我之前沒有細談的話題，就是如果要成立一個全新的品牌，究竟應該先宣傳「公司品牌」還是直接宣傳「公司產品」比較好？

他在台灣成立一間新公司，所以在考慮未來是不是應該要先提昇新公司或他個人的知名度？還是直接就開課程，只要內容夠好，就會有人來報名了？

這個行銷方向的選擇看似簡單，但其實影響層面很深遠，現在的一個決定，可能會對未來造成很大的影響。

如果是你，會怎麼做決定呢？

一邊賣產品，慢慢擴展品牌？

我們當然知道，一個從來沒人聽過的攝影老師要開課，比起一個很有名的攝影老師來說，招生會更加不容易一些。但如果課程內容設計還不錯，也用一些好作品來證明老師的功力，加上學費不貴的話，買一些廣告說不定還是招得到學生的，而且這樣上了幾次課之後，也有可能順便拓展了老師或公司的知名度，一舉兩得。這樣做最大的好處是不用再浪費時間或花錢去打公司知名度，很快就會看到成效了。

說實話，這就是現在絕大部份公司老闆的思維，愈來愈少人想好好去經營宣傳品牌了，因為那要花太多的時間和費用，又不容易看到具體成效。

在這個瞬息萬變的時代，誰曉得下個月、明年會發生什麼事？與其花力氣經營品牌，還是趕快把東西賣掉比較實際一點。

殊不知當你想要省錢省時，一心一意只想趕快賣掉東西時，因為沒有品牌，可能會花很多力氣，卻收到極低的成效。

而且就算未來累積了一些客戶和訂單，因為大家從來都不記得你的品牌，如果有一天出現山寨品，或是出現有人和你削價競爭時，你很快就會被拋諸腦後了。

宣傳企業品牌的優缺點

我們來看看宣傳企業品牌的優缺點：

- **優點：**

1. 企業品牌價值如果做起來，可以超越產品本身的成本價值，例如蘋果。
2. 品牌形象一旦確定，未來可以把這個印象拓及到旗下所有商品，例如小米。
3. 企業品牌可以帶給顧客信賴感與忠誠度。
4. 品牌建立之後，後續帶來的成效綿延長久。

- **缺點：**

1. 企業品牌建立要花的時間很長。
2. 企業品牌建立要花不少費用。
3. 品牌建立不容易看到具體量化成效。

因為企業品牌建立通常都是一個漫長的道路，所以也有很多公司是雙管齊下的，想藉由一支好的產品，來帶動大家認識你們公司的品牌，就如同一開始說的那個攝影師朋友一樣，想直接開課來順便宣傳知名度。我有不少客戶其實都是打著這樣的如意算盤，但這裡有一些關於產品的問題你必須先考慮清楚：

- 你的產品只有你能賣，別的地方都買不到嗎？
- 你的產品很特別或有專利，別人都無法複製模仿嗎？
- 你的產品沒有其他很類似的、知名品牌的競爭對手嗎？
- 你的產品價格保證是全市場最低的嗎？

如果以上答案都是「否」，那你如何說服顧客認為你的產品比別人「好」？為何不要選擇那些可能比你有名、比你歷史悠久、比你還要便宜的類似產品呢？

覺得我的產品夠好，大家看得到？

另外有一種迷思是，因為我的產品具有特殊性，具備某種現在類似商品都沒有的優點，或是品質比現在所有他牌產品好一百倍，但我價格只比別人貴一些些或相同價格，不買我產品的人都是傻子，大家怎麼可能不選比較好的，而跑去選那些劣質品？

如果你也曾經這樣想過，那你可能真的太小看「品牌的力量」，很多人對品牌的迷信，是遠遠超越了產品本身內涵的。

從以前到現在，有太多「好」產品不為人知，而那些知名品牌，出的產品也不全都是「好貨」，只因為累積起了品牌，任何產品一出就會有一定銷量。相反地，你的產品再好，如果品牌都沒人聽過，就是有可能一件都賣不出去。

還有一種迷思，就是我雖然沒有品牌，但因為是自產自銷，所以我決定把砸大錢做宣傳品牌的費用省下來，再扣掉中間大盤的剝削，直接賣大家比較實惠的價格，這樣大家花較少的錢買到更好的產品，我又可以不用「浪費」錢做行銷，不是雙贏嗎？為什麼到最後我的東西還是賣不出去呢？

以上這種想法，則是忽略了品牌帶給大家信賴感的重要性。你說你的東西很好，但對不起我沒聽過也沒用過，我怎麼知道你說的是真是假？就算第一次買到的體驗是好的，但也未必保證後面可以得到一樣的品質，如果出了事，誰能夠賠償我損失呢？但知名品牌的品質比較穩定可靠，又有完善的退貨或客服機制，我不用承擔那麼高的風險。

擁有品牌，其實讓消費者更快樂

品牌還有一種許多短視近利的老闆沒注意到的優勢，就是可以讓消費的人得到「虛榮感」。消費帶給顧客的快樂，有時根本不在於產品本身好壞，而是在使用知名品牌商品時帶給他們的榮耀。

舉個最簡單的例子，小米手環的很多功能，其實不輸 Apple Watch，價格甚至只有 Apple Watch 的 1/10，但戴上最新款 Apple Watch 而且秀給別人看時的感受完全不同。然而，如果是一個很想炫富的老闆，不論 Apple Watch 再好用，他可能還是只會戴勞力士，因為他要考量的是那個品牌價值與他的身份是否相匹配，而不是實用性。

回到我朋友的攝影課程，如果他選擇不打品牌直接開課，因為沒有知名度，課程可能無法賣太高的價格，而一旦大家認定他的課程等於這個費用，以後就很難再提昇了。

如果他能忍耐一段時間，先提昇自己的知名度與品牌價值，例如成立粉絲專頁累積粉絲、出一本攝影集變成作家、開個攝影展、上上訪談節目之類的，等半年一年之後再開課，學費不要訂太低，一開始學生不用多，但把每堂課的口碑做好，這樣的路可能會更長遠，未來也會更不容易被市場淘汰。

賣東西是一時的，品牌經營才是長久的。

1-9 產品定價、定位的重要性

這一篇要來和大家分享一個關於定價的小故事。

默默堅持的新手講師

有個朋友小明立志想成為職業講師，一開始沒知名度，經驗也不足，所以只能到一些政府創辦的青年輔導創業機構去教公開班課程，學生 10 人以上才開班，酬勞是 1 小時 1,200 元起跳，超過 20 人就可以收到 1 小時 1,600 元，滿班最多 1 小時 2,000 元。每次上課 3 小時，一個晚上的收入是 3,600 元左右，每周大概會上 2～3 次，以投報率來說，一整個月只要工作 24 小時就有 28,800 元，他覺得還算不錯。

慢慢地，小明有了一些知名度，開始有一些大專院校、非營利團體、接了政府案子的農村輔導計畫等等會找他去上課，這些機構對他開出的講師費不約而同全都是 1,600/hr，因為當時政府的公定行情就是如此，所以大家都是這樣開價。為了養家糊口多賺一些錢，這些邀約他幾乎來者不拒，只要有課他就會去上，有時還要自己開車四、五個小時到很偏遠的地方上課，甚至沒有補助任何交通費或住宿。

因為小明個性很隨和，上課的風評又不錯，所以課程邀約愈來愈多，他一個月可能超過 20 天都有課上，有時一整天從早上到晚，講到嗓子都啞了，站到腰痠背痛，當然，收入也相當可觀，每月全部總收入可能有將近 10 萬元左右，而且一天只要工作 3 小時而已，比起很多上班族好多了。

小明就這麼上了三、四年的課，授課的熱忱不減，學生也分佈在全台各地，邀約絡繹不絕，但有些危機此時慢慢浮現了出來，例如因為每天東奔西走，吃飯隨便吃、經常熬夜準備教案，他發現自己體力愈來愈差；又譬如因為講師彼此競爭也挺激烈的，他發現只要一生病無法工作，邀課單位可能就去找其他老師來代替，所以小明不論再不舒服，都會勉強自己撐著上場，免得失去再被邀約的機會。

終於有一天，小明撐不住倒了下來，足足休息了兩星期左右沒辦法上課，這大概是他從事職業講師生涯以來，頭一回請這麼長的假。有個也在當職業講師的朋友小天來看他，聊到彼此近況時，才知道小天雖然也在當講師，但兩個人上課的對象大不相同。小天主要的授課對象是大企業的高階人才，而且這些企業幾乎都是台灣前五百大，他每個月的授課總天數不會超過10天，有時甚至只有5～6天左右，他很少接公開班課程邀約，因為錢少又累，最重要的是，他偷偷透露，在企業內訓的講師費1小時最少1萬2千元左右，最高到2萬元，但因為大部份是管顧公司介紹的，雙方拆分下來1小時還可以拿到6千至1萬元不等。

小明在心中偷偷算了一下，小天一個月輕輕鬆鬆的講課收入大約是：6,000 X 6小時 X 10天＝36萬元，是他拚死拚活收入的3～4倍以上。

小明的下巴差點沒掉了下來。天哪，人比人真是氣死人，一個是每天累個半死四處奔波，一個是遊刃有餘、有時還有專屬司機來回接送。他講了這麼多年課，也算小有知名度，怎麼就沒有一個大企業找他去上課呢？

小明想到關鍵，一定是有管顧公司代理課程和自己獨立接案的差別吧？於是在病榻上就立刻拜託小天介紹管顧公司給他認識。小天很講義氣不藏私，反正兩個人上課內容不衝突，就立馬介紹了一些管顧公司窗口給他，甚至還熱心的幫他們約碰面。

於是，小明在身體比較好一些之後，就趕緊約管顧公司碰面拜訪，把自己的簡歷遞了出去。沒想到幾個月過去了，他依然沒接到任何一個企業內訓的邀約，日子還是又恢復到從前一樣忙碌而疲倦。小明不曉得問題出在哪裡？是不是自己的資歷有什麼問題？他只好又去找小天聊聊，想知道他究竟是怎麼變成這麼成功（會賺錢）的職業講師。

轉換跑道的定位／定價眉角

這次，在深聊之後，小天幫他點出了最重要的關鍵，就是小明對自己的定位和定價出了很大的問題。他究竟想成為一個企業內訓講師？還是想成為一個「普通的好好」講師？這兩者是不可能同時並存的。

如果小明想瞄準的是高階人才的訓練課程，他就要先有這方面的準備和經驗，例如課程內容設計要調整成企業感興趣的主題，上課完的預期成果也要站在企業角度去思考，是對整體企業有幫助的。此外，最重要的一點是，小明要把手上所有的一般公開班課程全都停掉，因為那些課程內行人都曉得講師費最多不超過 2,000/hr，如果你一面在教平價的課程，一面又對企業開價 12,000/hr，那負責開課的 HR 要如何對公司交代？難道請他去上課的公司都是傻瓜不成？

所以，小天建議小明應該即刻放下手上所有的舊課程邀約，最好還可以去充個電、鍍個金，等至少半年之後再重新出發，到時候很明確的告訴所有合作的管顧公司，自己已經準備好可以上企業內訓的課程內容，即使去試教也絕對不會讓他們失望，而且屆時再也找不到小明教授公開班課程的任何資訊了。

小天告訴小明，這幾個月沈潛的時間會非常難熬，最好做好心理準備，因為收入可能會降到零，他自己一開始踏入職業講師生涯時也等了大半年以上才有第一門課程。此時小明不妨利用時間重新規劃教材、課程，或是專心寫一本書出版，增加一點自己的知名度，也增加管顧公司未來幫他推銷課程的籌碼。

只要小明撐過了這段期間，真的從裡到外做好了準備，他可以重新制定自己的行情，甚至去和之前沒接觸過的管顧公司合作，說服他們他值得這個行情（或許誘因是給初次合作管顧公司比較多的拆分，但對企業的報價絕不能降低），只要能夠成功接到第一堂課，建立了口碑，小明就有可能會接到第二堂、第三堂課，就和之前公開班上課一樣，慢慢建立起一批新的學生，或許全都是大企業的高階人才們，這些人又會再幫他介紹更多的企業去授課。他就可以再也不用累得半死，過著沒有生活品質的教書匠生涯了。

小明最後是否能夠真的成功轉型？這中間牽涉的因素很多，但如果他沒有踏出這一步，幫自己砍掉重練、重新定價，別人心中對他的定位就永遠也不會有所改變。

以上這個故事告訴我們，一開始的不同定位就會找到不同的消費者，所以定價是一門很大的學問，要多花一點時間好好想想。你可以讓別人覺得「物有所值」或「物超所值」，但絕對不能讓別人覺得「物美價廉」。如果你還沒有任何品牌知名度時，當你的產品價格定價很高，雖然有些人可能會被嚇到無法下手，但他們心中想的保證是：「這個產品賣這麼貴一定有它貴的道理。」然後有些有錢人可能會下單，因為他們天生就喜歡挑選最貴的商品。但當你的產品價格一開始就定價很低時，那些買得起的人，心中想的也會是：「這個沒聽過的產品賣這麼便宜，應該不是什麼好東西。」然後他們就跑去挑選別的中等價位的商品了。

當然，不用我多提醒，產品的內涵也要和定價名實相符，不是只用很高的價錢把人騙進來，買了之後大失所望，那最後也只能得到一次交易，而無法創造好口碑，這種生意是不會長久的。

1-10 告別無效的網路廣告方式

有效廣告、無效廣告

一般來說，網路廣告的目的無非是「希望你看到我要表達的內容，然後點下去達到我期望的目的」，這個目的可能是導引人潮至我的官網、加入會員、下載 APP、購買商品、填表單資料等等，當然也可能只是想曝光增加品牌印象，有沒有人點廣告並無所謂。

在我心中，網路廣告分成「有效廣告」和「無效廣告」兩種。

所謂的有效廣告，就是大家真的會把內容看進去，甚至點下去，達到你想要的目的。

相反地，無效廣告就是大家第一時間只想找「叉叉」把它關掉，就算有人點進廣告，99% 也是誤點進入的。

當然並不是所有的廣告型態都能一刀切分兩個種類，但總有一種傾向性，如果你的廣告設計能較傾向「有效」，就會少浪費一些錢。

廣告如何有效或無效？

廣告之所以會變成有效或無效，我覺得主要是兩個因素，第一是廣告出現的位置，第二是廣告設計的內容，這兩者之間通常也會交互影響。

先來聊聊廣告出現的位置。再好的內容，如果出現在很糟糕的地方，就會變成很爛的廣告。一般廣告常出現的位置包括：

- 網頁（APP）一進去時彈跳出廣告（蓋版式廣告）。
- 網頁（APP）內容上方、下方或右側出現廣告（Banner式廣告）。
- 網頁文字內容中間插入廣告。
- 影片的最前面或中間插入廣告。
- 搜尋結果的最前面、最下面或側邊出現廣告（關鍵字廣告）。
- 置入性廣告偽裝成新聞或內容的一部份。

在這些廣告位置中，我覺得最無效的應該就是第一種「蓋版式的廣告」，它通常都會浮現在我很想看的內容上方，嚴嚴實實地擋住了目的地內容，讓我不想看到都不行，好一點的直接在角落裡有個叉叉可以關起來，可惡一點的還要強制跑個幾秒才能關起來，甚至叉叉會隨機出現在不同位置，讓你不小心點錯。

沒錯，這種廣告或許真能達到一定讓我看到的目的，但看的人心中通常是帶著不爽的情緒，因為你擋住我正要看的內容了，所以對品牌是加分或減分很難說，而且就算有帶來「點擊」成效，我估計 99% 都是誤點比較多。

因為大量曝光加上「很容易誤點」，所以在做廣告成效報表時，這種廣告是很容易有點擊業績的，所以一些廣告廠商還是樂此不疲，但如果我是客戶，最好還是儘量是不要購買這種版位，因為成效不但可能是虛假的，還可能讓使用者對你有負面感受。

除了蓋版廣告之外，我覺得其他廣告型態都算是「必要之惡」，雖然大家多少有點嫌惡，但也知道為了維持營收，總不能完全不出現廣告，除非像是 Youtube Premium 這種會員訂閱制，付錢就看不到廣告，也算是一種互利妥協的方法。

相對不會讓人反感的廣告出現位置

有沒有什麼時候出現廣告是不會讓人反感的呢？我發現有一種廣告出現的位置很厲害，讓我幾乎每次都會看完廣告。

不曉得有沒有人也在玩 Candy Crush（糖果傳奇）這個遊戲？每個關卡有一定的步數限制，如果全部步數都用完還沒達成任務就失敗了，如果累計失敗 5 次，就要再等一段時間才能再玩。這時你有幾種選項，一是付費購買更多步數、二是透過社群平台邀請朋友來玩、三就是看廣告。

我當然都是選擇第三項，點了之後會出現大約 30 秒到 1 分鐘左右的影片廣告，因為時間沒有長到讓我去做別的事，所以每次都乖乖的把影片看完了。一個晚上至少看個二、三十次影片廣告。

其實很多手遊都有類似的設計，你想要更多道具、破關、時間，又不想課金付費，就乖乖看廣告吧。早期這些廣告內容都是以同間公司的其他遊戲 APP 宣傳為主，現在透過廣告聯播機制，會看到各式各樣商品的短影片廣告，或許我不會看了廣告點出去或下載 APP（因為正在遊戲中），但至少真的把廣告內容都看完了。有時遊戲卡關卻沒有出現廣告可觀看讓我「續命」，還會很可惜：「拜託快給我廣告，我好想看廣告啊！」

廣告內容如何設計才有效？

除了廣告位置因素影響成效之外，廣告內容的設計當然影響也很大。

一般來說，愈看不出來是廣告的置入性內容，成效就愈好。例如搜尋結果出現在最上方的「關鍵字廣告」，很多人不一定曉得是廣告，或者即使知道，但因為方便還是直接點了進去；又例如在新聞內容中做了一則「業配新聞」，從標題看不出來，騙大家點進去看完之後，才發現原來是廠商的廣告。

一般「置入性業配內容」都會比 Banner 式廣告貴很多，除了可能要多花編輯製作成本之外，這種廣告犧牲的是讀者、使用者對網站的信任感，當然得換來更大的利益才划算。舉例來說，如果一個部落格內容每篇文章都是「業配」，那久而久之，大家可能也會不再愛看這個人寫的文章了。

所以站在廠商的角度，要想的應該就是如何讓你的廣告「愈不像廣告」愈好，而不是很粗暴的放一堆廣告內容，只靠誤點的成效來導流。最簡單的做法，就是儘量「把商品訊息置入在實用內容裡」。

例如，我今天是賣衣服的，不是直接把衣服型錄貼上來，而是寫一篇「最新春裝穿搭範例」之類的文章，然後裡頭的衣服全都是我們家的產品；或者我今天是旅館民宿業者，分享的是最夯的十大熱門旅遊景點、路線，當然其中一定也會順便介紹到我們自家。這種不像廣告的實用內容，雖然製作起來比較麻煩，宣傳的效果比較間接一點，但通常成效也會好很多，不但不會引起反感，還可能會因為好內容而被大家分享出去。

最高段的技巧，就是把廣告做的很有趣、很吸引人，讓大家忍不住會自發性想點開來看到最後，還會主動傳給朋友看。例如很多泰國的廣告影片，都有意想不到的誇張劇情，讓人發出會心的一笑，留下深刻印象，有時看到最後才恍然大悟是那家公司的廣告。

國內有以上效果的業配天王，應該只有 Youtube 頻道中 HowFun 的 How 哥做得到。他最厲害的一點，就是大家明明知道每支影片都有業配，但還是會忍不住想看看他今天又把業配做怎麼的 Kuso ？當然，想找他合作的業者也要很有雅量，不過多干涉他的腳本企劃，如果最後把 How 哥改到不像 How 哥，影片不夠好笑，那個廣告就註定要失敗了。

「把商品訊息置入在實用（或好笑）內容裡」這種方式，從更廣義的角度來說，如果你可以開發出一種 APP 或服務，讓大家會自發性的經常連進去或打開來使用，然後在服務的上下左右出現「相關聯」的廣告內容，這也是很不錯的方式。

例如我現在居住的社區有使用一款免費 APP「今網智生活」，每個住戶都一定會下載使用，因為管理員都會用這個 APP 來通知你掛號信件或包裹到了，請你來領取，社區的公告事項也都用這個 APP 來通知大家。所以我不但會經常打開，而且為了害怕錯過通知，連「APP 提醒」都是一直開著的。然後我每次點開 APP 進去看通知時，就會不小心看到裡頭有很多和社區相關的「廣告」，例如洗衣機清洗服務、社區光纖上網、裝修諮詢等等。我覺得這種廣告方式相當聰明，不但「出現位置」不干擾，而且又都是提供使用者覺得「有關聯」的廣告，不會讓人反感，我相信主動點開來看廣告內容的人應該還不少。

我們都知道廣告收入是維持長久服務的重要關鍵之一，但我相信現在應該有愈來愈多更智慧的廣告方式，多用一些心思去規劃，不要再偷懶只會用粗暴讓人反感的蓋版無效廣告，說不定可以讓你花更少的錢，達到更好的成效喔～

也歡迎大家提供我多一些不錯的「創意網路廣告」案例，有沒有什麼是讓你目不轉睛，還想分享給親朋好友的廣告方式或內容嗎？

1-11 你的廣告好看嗎？

台灣法令對廣告的限制

如果和我一樣，經常觀看大陸連續劇和綜藝節目的朋友們，應該不會對在電視中無所不用其極、安排各式各樣的廣告置入感到陌生。大到節目冠名，小到在表演中很刻意的安排某些產品露出，真的可說是無處不廣告，一開始很訝異，但看久了也就習慣了，有時還會一面看一面吐槽：怎麼每次主角心情一不好就要買這家的零食回來解悶，廣告也太明顯了！

大家有沒有覺得很奇怪，為什麼台灣這樣的電視廣告置入比較少？就連戲劇節目的「冠名廣告」都是這幾年才出現，如果是綜藝節目想置入商品，只能用「獎品贊助」的方式，不能像大陸主持人那樣，直接把贊助廠商大大方方地唸出來，有時一口氣唸了一長串，還要配上每家廠商不同的 Slogan，可以不吃螺絲唸完也算是一種厲害的功力。

原因很簡單，台灣的電視節目都受到國家通訊傳播委員會（NCC）的「廣播電視法」限制，其中有一項法規是「電視節目廣告區隔與置入性行銷及贊助管理辦法」，裡頭洋洋灑灑規範了 18 條法令，明文限制電視節目必須和廣告之間有所區隔，簡單說，就是不能讓觀眾分不清楚內容和廣告有何不同？所以幾乎完全杜絕了任何廣告置入的可能性。

這條法規的立意很清楚，就是不希望大家「被騙」。這些主持人、演員因為有很高的知名度，他們在節目中所說的話、做的事，都可能會影響很多觀眾學習效仿，等到觀眾聽信他們的推薦，買了東西回來之後，發現成效不如預期，才知道原來他們在節目中說的話不怎麼老實，全都是收了廠商錢做的廣告，可能後續會引發很多紛爭。

但奇怪的是，難道大陸政府不擔心他們的人民被騙嗎？以大陸對各項影視傳播內容審查之嚴格，這麼多琳瑯滿目的廣告置入，早就應該要像台灣一樣全面禁止才對，為什麼執法單位卻視若無睹，還是放任這些廣告廠商儘情置入呢？

其實，像大陸的戲劇、綜藝節目廣告置入那麼多、那麼明顯，看久了我相信每個觀眾也都和我一樣，自己一面看一面都能輕鬆抓出什麼是廣告？什麼是內容？對每個置入都會抱著存疑的眼光，久而久之，被騙的機率反而小了很多。不只是像我這樣的中產階級，我相信大陸不論任何年齡和階層，經過這麼多年的「廣告收視訓練」，早就不會輕易被電視上的廣告置入所欺騙了。

以我個人的看法，我覺得 NCC 的廣告置入限制在這個時代有些多餘了。現代觀眾資訊來源眾多，早就不像以前觀眾那麼好騙，看到什麼內容會不經思考全盤買單，只要能夠在每集節目一開始時，很開宗明義的和觀眾利益揭露：「本節目中含有置入性廣告內容，請大家謹慎觀賞選擇」，我覺得也就夠了，現在很多國外的戲劇節目也都會做這樣的提醒。

再說，NCC 的這項法規，只能限制傳統的「電視節目」，似乎並無法限制到 Youtube 上的各個頻道節目，否則就不會有那麼多開箱影片，How 哥的宇宙無限置入廣告頻道也就無法經營下去了。看起來，廣電法的適用範圍只侷限在電視節目裡，Youtuber 或部落客、網紅，更多是受到「公平交易法」第 25 條的規範：鑑證廣告必須做利益揭露。如果沒有做到這點，最後造成「足以影響交易秩序之欺罔」，公平交易委員會可以命令他們停止或改正這類廣告行為，並處以 5 萬至 2500 萬元的罰鍰。原則上罰的應該是廣告主，但薦證者也有可能一併受罰。

公平法的精神是在「利益揭露」及「不能做虛假不實內

容」，而不是在限制你不能在頻道節目中做廣告，我覺得這個精神應該也可以延伸到傳統電視節目裡才是，畢竟這個時代電視和網路的界線愈來愈模糊，有愈來愈多人家裡早就不裝第四台，只要電視可以上網或是裝個機上盒，打開 Youtube、Netflix 幾乎什麼都看得到，所以何必再去對電視節目做一大堆廣告限制，反而是讓市場來做自然淘汰就好，當你廣告做的太兇時，內容可能就會變得不好看，觀眾自然就會不想看了。

設計出讓人想看下去的廣告

為什麼我要特別討論這個話題？其實，我想說的是，大陸因為節目中可以任意置入廣告，我觀察到這一兩年來，他們在廣告的製作上已經進入另一個層次，就是努力做出「會讓人想看下去的廣告」。

早期的廣告型態都是在戲劇和節目中，插入一些頓點，然後在這些頓點中連續出現幾段數十秒不等的商業廣告，一個小時的節目，累積起來大約會有 10 ～ 20 分鐘的廣告，節目愈火紅，廣告時間就愈長（我印象中好像有時間比例上限），每次廣告出來時，也就是觀眾去上廁所或做一些雜事的時間，所以其實廣告效果不一定好，通常要靠反覆不停播放才會加強印象。

這種廣告型態進入「隨選視訊」的時代就很吃虧了，因為大家都可以透過搖控器快轉跳過廣告，所以如果還是固定穿插一段一段廣告，被看到的機會真是微乎其微。所以才必須要有所轉變，想辦法於無形之中將廣告置入在節目裡，讓大家沒辦法透過快轉略過廣告。

說起來這其實也算是雙贏的改變，看節目時不會再被廣告打斷情緒，但觀眾一定會不得不看到置入的廣告內容。

就算是沿續傳統穿插式的廣告，我看過大陸一些比較厲害的內容，是請戲裡的主角們用原本的外型、服裝、語氣，演出另一段無厘頭的劇情，進而帶出要廣告的產品。這種廣告的特色是，很清楚告訴你這是廣告不是置入，但會讓人好奇究竟這些演員要宣傳的產品是什麼？不知不覺就把廣告看完了。而且這種廣告內容常常會呼應當下劇情，不會反覆出現一樣的內容，所以一檔節目、一部戲在拍攝內容的同時，就要一面請演員同時拍攝各式各樣的廣告內容，說不定工作份量和正片是差不多重的，當然，演員一定也會有額外的酬勞。

除此之外，我最近看了很多大陸的脫口秀和吐槽節目，發現這些演員和編劇更厲害，因為他們必須絞盡腦汁把贊助廠商的產品置入到脫口秀內容裡，當演員講出來時愈順愈沒有違和感就愈成功，雖然這種內容都只會使用一次而已，但每個看節目的觀眾都一定會聽到產品名稱和宣傳，所以我覺得成效算是很不錯的，算是比較用心的廣告方式。

上面講了那麼多電視置入廣告型態，如果我們再回過頭來看看台灣網路上各大社群媒體的現況，你會赫然發現，原來很多公司的思維都還是像從前一樣傳統，只會用很廣告的方式在做行銷，只會不斷告訴大家自己有多好而已，完全不懂得用好內容吸引眼球，再想辦法置入商品的型態。

當你的粉絲專頁內容或 IG 照片一天到晚都只會放自家商品的照片、影片，對網友來說就全部都是廣告而已，有誰會想要一直觀看、按讚訂閱，甚至再分享出去？但如果能像經營電視媒體一樣，先努力想想怎麼做出吸引人的好內容，等吸引夠多的粉絲主動想觀看，再想怎麼把你的商品置入內容中，那才是最有效的廣告方法。當然，最後如果能做到大家明明知道是廣告也很愛看，那才是最高段的做法，就更不容易了。

分眾行銷的重要：從客製化郵件談起

讓收信人感受到你是為了他而寫

大學畢業時，因為偶然學會了 FileMakerPro 這套資料庫軟體，我就用它寫了一個自己用的通訊錄系統，裡頭放了親朋好友的姓名、生日、聯絡電話、信箱、備註欄位等等。後來，還在通訊錄系統裡加入了電子報發報機制，我只要按個按鈕，就可以透過它一次發 Email 給所有朋友們，這是我最早體會到 CRM 系統結合行銷功能有多麼好用，這也是我從來沒有和別人分享過的祕密武器。

過了二十多年，當年的祕密武器，現在很多 CRM 系統或發報平台都已經可以輕鬆做到了，但會這樣好好運用會員資料的人還是少數。

或許你會說，不就是發 Email 的功能嗎？只要有名單，我用 Gmail 來群發不是也一樣？反正一封信不超過 500 個收件者，如果人太多就分幾封信來發送。

其實，這當中有一個很重要的關鍵，雖然是很小的地方，但要做得好卻很不容易，那就是「如何讓收件者覺得這是一封只有發給他一個人的客製化信件」？你可以先想像一下，換做是你，要怎麼實現這件事？然後再來看看我的做法。

先說這一點為什麼很重要？因為每個人每天都會收到無數的垃圾郵件，當你這封信很明顯看起來是發給一堆人，像是派送電子報一樣時，收件者打開來看的動力會小很多，看了之後更不會想要回信和你互動，因為「你既然不是專程發給我的信，我幹嘛要專程寫回信給你」？

所以如果可以讓收到的人感覺自己是獨一無二的，這是一封專門寫給他的信，通常比較容易會有回應。

一封客製化郵件的重點

接下來說說我的做法。我覺得要讓一個收件者感覺到是只寫給他的信，最重要的一點就是在「開頭的稱謂」。

舉例來說，我的好朋友知名講師王永福，如果收到我寄給他的信，一開頭就寫：「親愛的永福先生」，那他肯定不會繼續把信看下去，說不定還傳訊息過來罵我寄了什麼奇怪的信給他？（也算是一種互動啦）

如果他收到的信，開頭寫的就是：「親愛的好兄弟福哥」，那保證他會把這封信看完，因為他會感覺到這真的是一封我寫給他的信（雖然心裡會覺得很奇怪，John 有事怎麼不傳 Messenger 反而寄 Email ？）。

這個道理說來簡單，做起來可不容易，因為大部份人在建立通訊錄資料時，都是把「姓」和「名」放在一起的。當「姓名」是放在同一個欄位時，資料庫系統無法再把它單獨拆開來，就算用 AI 都有可能出錯，因為中文姓名比較複雜，有時「姓」不一定是「第一個字」，也可能是「前兩個字」，這也是後來很多公司會員系統會在輸入資料時，直接請大家把姓和名拆開兩個欄位填寫的緣故。

就算解決了姓名問題，還有更困難的稱謂問題，每個朋友的稱謂都不同，像很多人叫我權老師，但也有朋友直接叫我自強，這個絕對不是 AI 可以判斷出來的。如果是放在公司的會員系統裡，最常見的做法是透過「性別」來做簡單區分，然後在姓或名字後自動加上「先生」、「女士」（或小姐），這大概已經是勉強可以做到的客製化了，但效果還是很不好，因為會稱呼我「權先生」或「自強先生」的，一定是不熟的人，一眼就會被判定是系統自動發信的廣告郵件。

所以，對我來說，最好的做法，就是在通訊錄資料庫裡再增加一個欄位「收件者稱謂」，例如，王永福的收件者稱謂就是「好兄弟福哥」，當透過資料庫的發信系統一封一封把信件寄出時，就要在信件開頭直接插入這一個「收件者稱謂」的欄位內容，這樣，每個人看到的信就會是獨一無二，看起來像是只寄給他一個人的信了。

還有一個更進階的做法，就是在 Email 的主旨上「也」插入這個欄位，例如：「好兄弟福哥，我有一個重要的消息要和你分享」，當大家在收到的 Email 主旨上看到自己名字時，開啟率至少會高 2 ～ 3 倍以上。注意，我這裡說的是，信件的主旨中和內文開頭都要放「收件者稱謂」，不能「只」放在主旨裡，如果一打開信又發現很明顯是你群發的垃圾廣告內容，那你可能只能騙到對方一次，下次他就不一定會再打開信來看了。

要做好這件事，就是得花一番功夫，透過自己的印象，把資料庫裡所有通訊錄好友的「收件者稱謂」一一填上，還好只要做一次，未來都可以直接套用。這招我從大學畢業一直用到三十幾歲，至少用了十幾年以上，我認識比較久的朋友，應該都收到過我發出的類似郵件，信件回覆率通常都有 50% 以上，或許他們到今天看了文章才曉得，原來我不是專門針對他寄出的信件。

以上我這個案例，其實只是想說明一件很簡單的道理，就是「分眾行銷」的重要性，Email 只是接觸會員客戶的工具之一而已，現在還可以透過簡訊、Line、Messenger 其他各種管道對我們的客戶做推播行銷。最極致的分眾行銷，就是派電話業務員一個一個打電話拉客戶，我們每天都會接到幾通這樣的銀行推銷電話，但是當我們沒有這種人力、時間做這種叩客動作時，就應該要好好善用系統功能，在後台把會員資料做好分眾才是。

分眾行銷的重要：活化客戶資料

垃圾訊息讓你損失客戶

大家應該都聽過一句話：「一條垃圾訊息會讓你的客戶流失20% 以上。」

什麼是垃圾訊息？並非只要提到你們公司的產品廣告就一定是垃圾訊息，而是對客戶來說完全不感興趣的內容才算。基本上，除非你是非法取得名單，否則只要你有得到這個客戶的聯繫方式，應該就代表他曾經和你接觸過或消費過才是，所以他不會對你們產品完全沒有興趣，只是你要對症下藥，想辦法給他最符合需求、最有興趣的內容比較好。

前面提過的，在 Email 信件的主旨和開頭，加上客戶常用的暱稱，其實是最基本粗淺的做法，這只是第一步，目的是希望客戶儘量打開這封信而已，至於要讓他們看完整封信，甚至被你說服去採取行動（如報名活動或購買產品），你的信中是不是有他真正感興趣的內容，才是更重要的。

這也意味著，理論上不應該每個人都收到一模一樣的信件。我們如果把前面說的那個「客製化稱謂」欄位的技巧再更加靈活運用，就可以利用系統資料庫功能，在信件中插入無數個「看似客製化」的內容。

舉一個最簡單常見的例子，只要你有用信用卡，而且設定用Email郵件帳單給你，你就每個月都會收到一封繳款通知信，信中夾帶了你上個月的消費記錄、繳款金額，你應該怎麼樣都不會把這封信略過不看，甚至還可能把它設成白名單，它千萬不能掉到垃圾郵件裡。在這個通知信裡就夾帶了超多客製化的內容，包括你的姓名、消費記錄文件、開啟帳單密碼等等。

先建立系統，才有客製化訊息

既然連銀行繳款單都可以做得到完全客製化，表示其實在系統端沒有什麼是做不到的，只是大家有沒有把這個技巧運用在行銷推播訊息裡而已。撇開要使用什麼 CRM 系統或是發信機制，若是想做到最極致的客製化行銷，或者說是分眾行銷，最重要的關鍵，其實是在我們有沒有記錄下客戶最完整、詳細的資料，如果在經營時什麼客戶資料都沒有留下來，只有 Email 或電話，那後面就什麼都不用想了。

一般來說，我們會把客戶資料分成四大部份：

一、客戶基本資料：包括姓、名、稱謂、相片、性別、來源、認識日期、身體特徵、親友關係網絡等等。

二、客戶聯絡資料：電話、Email、地址、Line、Messenger。

三、客戶喜好資料：對什麼產品比較感興趣。

四、客戶消費資料：曾經購買過什麼產品？購買總金額？平均金額？最近一次消費是何時？累積多少點數等等。

以上這些資料，少部份是靠客戶自己填寫欄位主動告知，部份是靠會員與銷售系統（例如 POS）整合而來，還有其他可能絕大部份是靠肉眼觀察或是社群大數據蒐集而來。除非客戶加入你們會員的意願超級高（例如 Costoc 付費會員），否則一般來說，我們還是儘量讓客戶少填一些資料比較好，尤其是涉及到身份證字號或信用卡號碼這種外洩風險會很大的資料，如非必要還是少蒐集為妙，對雙方都好。

如何收集客戶的資料？

我們以餐廳為例，來說明一下資料蒐集的過程。客人走進餐廳進入座位，點餐完等待上菜前，一般會有一點空檔，此時服務生可以主動建議客人掃描桌上的 QRCode 加入 Line 會員，會免費贈送他一道點心或飲料，而且結帳時可以享有 9 折優惠，並且累積消費點數。客人掃描後除了加入 Line 好友之外，還必須填幾個簡單資料，例如真實姓名、電話、信箱、怎麼知道這間店的，全部填完最好不超過 1 分鐘，然後他們就可以開心的用餐了。

如果客人之前已經加入過會員，當然就可以省略掉這個步驟。等結帳時客人資料已經進入會員資料庫，客人可以選擇唸手機號碼，或是再掃一次 QRCode 用 Line 驗證身份，來享有優惠折扣，並且累積點數，就完成了這次的消費。

在餐廳這端，蒐集到的資料除了客人自己填入的欄位之外，也取得了日後和他聯繫的方式（Line），以及他所有的消費記錄，透過消費記錄的分析，還可以進一步瞭解他可能的喜好。光是以上這些資料，已經有很多後續運用的空間了，如果對服務生再更要求一點，請他們私下偷偷記錄下這些用餐客人的一些觀察，例如這位客人來用餐的目的是為了慶生或過情人節、這位客人不愛吃香菜或茄子、這位客人是和全家大小一起來或是獨自用餐，對未來的客製化行銷可能會有出其不意的效用。

我只是用餐廳當例子，事實上，各行各業全都可以這麼做，只是手法技巧各有不同而已，也或許你們家巷口的早餐店早就這樣做了，只是那個老闆娘並沒有用什麼 CRM ＋行銷推播系統，而是把每個客人的口味都記在大腦裡，客人一出現連問都不用問就自動做出他想吃的早餐。可惜之處在於，當有一天「老客戶沒有主動出現時，老闆也只能守株待兔，無法化被動為主動，邀請客人回來再次消費」。

推送客戶需要的訊息有三大方向

當企業蒐集到足夠的客戶資料時，我們就可以使用這些資料，來對客戶做好真正的分眾行銷。比較基本的分眾行銷，是貼標籤把客戶分類，然後按照不同標籤，發送不同訊息。我們常用的分類推送會依照三個維度：「售前售後、客戶成分、產品喜好」。

舉幾個實際運用的分類推送案例。如果你們是一間婚禮攝影公司，明明知道這個客戶已經結完婚了，還一天到晚發送「婚禮攝影套餐優惠」的訊息給他，不但毫無效果，還可能讓客人覺得在觸他霉頭；但如果你傳給他的是「家庭或親子寫真優惠」訊息，說不定就可以把客戶撈回來再消費一次。這就是「售前售後」客戶要做好區隔的原因。

如果你們是一間服飾品牌，知道客戶的性別、年齡、過去消費內容，在推播產品訊息給他們時，就可以投其所好，針對客戶過去經常消費的產品類型給予新品資訊。如果一位五十幾歲的中年大叔一天到晚收到少淑女的服飾資訊或穿搭建議，會想點商品圖片的原因只有可能是模特兒長得很可愛而已，完全不是因為想要消費，因此也就不會有導購成效。這就是要按照「客戶成分」＋「產品喜好」來分眾的原因。

在實體商店中，要瞭解客戶興趣愛好，只能從他們的消費記錄來觀察分析，但在網路商店中，有時還可以透過他們瀏覽過的足跡來得知沒說出的興趣愛好或需要，當然，這牽涉到更深入一點的資訊技術及隱私問題，如果技術上做不到，我們有時也可以主動發送給客戶一些心理測驗小遊戲或有獎的問卷調查活動，來旁敲側擊出客戶的愛好，知己知彼，才能增加成功導購機會。

準備幾種不同的產品訊息內容，按照標籤來做分眾群發訊息，只能算是比較陽春的行銷做法，要做到更深入的分眾群發，就是要如同我前面提到的，最好可以讓每個人都收到截然不同的客製化內容，當然，這不是靠手動一封一封發送，而是透過資料庫串接欄位，在每封信中塞入不同的內容。

例如：「親愛的 X 先生，感謝您多次來本店消費，目前您已累積 XX 點數，可以換一道您喜歡的 XX 點心，歡迎您有空時再來用餐，我們恭候您的大駕。對了，我們最近有推出一道新的 XX 菜色，和您過去享用過的 XX 套餐類似，有機會也可以來品嘗一下喔～」

上述例子中的許多 XX 和「多次來本店消費」其實都是可以透過資料庫套用的客製化內容，當你收到這樣的一封促銷信件、簡訊或 Line 訊息時，即使知道它是廣告推播，也一定會多看個幾眼，因為內容完全是針對你來推送的，可能太符合你的需要了。

如果再搭配一些工具上專有的「聯繫腳本」行銷推送功能，可以在每位客戶累積一定金額、次數，遇到相關日期（如生日、周年紀念日、隔多久沒來消費）時，便自動發送出設計好的行銷訊息內容，就可以做到更加貼心的自動化分眾行銷了。

請切記，所有會員資料的蒐集一定是愈早開始愈好，最好一切系統都要在正式開門營業之前就規劃好，在蒐集資料的過程裡也要不斷修正，找到記下真正會影響客戶是否回購的關鍵因素。要知道，能發揮行銷用途的客戶資料才是有用的資料，否則都只是沒意義的文字數字記錄而已。

我不曉得有多少企業能做到以上我說的這些動作？據我自己觀察現在並不是太多，如果你們公司目前有做的還很少，就請不要輕言說出分眾行銷無效的判斷了，有可能只是你方向不太對，或是做的還不夠徹底而已。

Part 2

數位行銷的工具應用篇

2-1 建立自媒體，就從自架網站開始

2-2 部落格與寫作的重要性

2-3 Line 經營重點提醒

2-4 三種 Line 工具的比較分析

2-5 FB 社團、個人頁的重要性超越粉絲專頁

2-6 FB 粉絲專頁其實是個大騙局？

2-7 FB 粉絲專頁命名的重要性與技巧

2-8 增加 FB 貼文互動的九個小技巧

2-9 FB 廣告投放真的還有用嗎？

2-10 如何製作 Facebook 社群吸睛圖片？

2-11 持續經營網站內容做好 SEO

2-12 經營好一個影音頻道而不是上傳影片廣告

2-13 企業經營 IG 的限制與策略

2-14 一頁式網站的神奇魔力

2-15 懶人包、資訊圖表的重要性與技巧

2-16 聯繫腳本是增加回購的重要關鍵

建立自媒體，就從自架網站開始

正視只依附社群媒體的風險

之前看到一則新聞：「損失百萬！ 497 萬 IG 粉絲瞬間歸零『最強奶媽』崩潰：不要整我好嗎？」讓我不禁有些感觸，這幾年來，台灣大部份網紅其實都是依附在 FB、IG、Youtube 等平台上在生活著，不但因為社群媒體上的讚、留言評論而影響著心情的好壞，還得必須仰賴這些平台的粉絲數、訂閱數，才能有一定的廣告收益或業配機會。

這件事好像再自然不過，但仔細想想，就知道這其實是一件很可怕的事，因為這些平台決定了你的名氣和收入，如果有天你的粉絲或訂閱數像新聞中的網紅一樣一夕歸零，你的人生豈不是也跟著一夕歸零了？

身處在這個社群媒體充斥的世界，想完全不被它們影響是很困難的，但完全只仰賴社群媒體，又是一件很危險的事。

我們公司主要的工作就是代客操作社群媒體，過去這十年來看過太多慘痛的案例，最慘的是粉絲團突然消失或粉絲全部不見，也有不知名原因就被禁止發言或是禁止刊登廣告的情況，每天最重要的工作就是不斷研究平台演算法，看如何才能增加觸及和互動數。

最危險的一點是什麼？就是這些社群平台都是外國公司經營的，在台灣很難找到申訴管道。

Youtube、Line 在台灣還有分公司，但 FB、IG 連個工作人員都沒有，出了什麼事只能上網提交客服，何時會處理？會不會處理就只能聽天由命。萬一第二天剛好有個很重要的業配文要露出，遲遲等不到回覆時，恐怕想死的心情都有。

所以對於企業主來說，如果只仰賴這些網紅自媒體，而沒有自己曝光的管道，也是很危險的事。

數位行銷，從建立自己的網路基地開始

所以說到底，在利用這些社群平台曝光之前，還是應該自己先建立好一個「網路基地」才對。這個基地是自己建立的，網址、空間都是自己付費購買的，只要合約在就不用擔心突

然消失（補充一下，網站空間最好也是租用台灣信譽良好的虛擬主機，才不會出了問題一樣求助無門）。

所有一切社群平台或網路行銷工具，都只是宣傳你的網路基地的工具。

哪個社群媒體成效好、轉換率高、成本低，就用那一個，甚至最後你能讓粉絲養成習慣，即使沒收到任何通知，也會自發性的上來你的網路基地看最新內容，那你就徹底成功了。

對於只靠露臉或身材成名的網紅來說，自架網站裡可以放的東西的確不多，可能就是清涼照片和最新消息，但對於想寫一些內容、拍影片、錄聲音的創作者，或是產品經營者來說，自架網站有時比社群平台要好用許多，優點舉例如下：

一、容易識別

透過專屬網址，加上設計過的個性化專屬版型，讓別人一進到網站就感受到你的品牌調性。

二、讀者方便查找

可以把所有作品按照分類、標籤功能，有系統的呈現在自己的網站上，讓讀者觀眾可以輕易看到你的其他好內容。

三、有無限的可能性

自架網站通常比較容易擴充各種功能，不單是讓大家瀏覽，未來也可以加上購物或打賞等功能，讓大家直接在你的網站完成交易，或有一天也可以開放廣告版位，要怎麼把流量轉化成收入，都是你的自由。

四、搜尋的長尾效應

隨著你網站的內容愈來愈豐富，透過各種關鍵字搜尋來的流量也會愈來愈多，即使是很久以前的舊內容，也可能有天突然變得很重要。相反地，如果你只把內容放在社群平台上，不但隨時要冒著資料消失的風險，更因為搜尋引擎對 FB 之類的社群平台不大友好，所以被搜尋進來的機率實在很低。

五、知己知彼

因為是自架網站，所以可以安裝 Google Analytics 之類的第三方流量追蹤工具，得知自己網站每天的真實流量，大家是透過什麼管道、什麼關鍵字進來的，也全部看得一清二楚，未來要如何改進強化也會比較有譜。

各大社群媒體起起伏伏，FB、IG的觸及人數一天比一天低，曾經當紅炸子雞的無名小站也有消失的一天，所以不要太依賴別人的平台，早日建立起自己的品牌網站，才是在這個自媒體時代，最重要的一件事。

2-2 部落格與寫作的重要性

現在還在持續寫部落格的人彷彿真的是鳳毛麟角了，Youtuber、直播主、網紅，甚至是 Podcaster，聽起來似乎都比部落客潮一點，但正因為寫部落格的人愈來愈稀缺，我覺得現在正是開啟部落格的好時機，不論對個人或企業都是如此。

就算是公司的產品行銷，部落格的寫作經營，同樣的可以幫你建立品牌、創造 SEO 效應。

我建議無論經營個人媒體，還是經營公司行銷，都應該重啟部落格寫作，原因有以下幾點。

部落格優點一：搜尋需要

很多人有問題需要解答時，第一反應還是會上網搜尋（有時上 FB 問會覺得太丟臉），當寫部落格或是在論壇熱心回答問題的人變少了，搜尋引擎就找不到好的內容了。

對搜尋引擎來說，什麼是好內容呢？除了和搜尋關鍵字的相關性之外，「原創」永遠是很重要的指標，你寫的部落格文章，不論文筆好壞，至少都具有原創性，在僧多粥少的情況下，你的文章會愈來愈容易排在搜尋結果的第一頁前幾筆。

以前寫部落格的人多，一個部落格如果不是經營夠久，或是文章寫得很好被許多人引用，要在搜尋結果排在前面談何容易，但現在寫部落格的人太少了，就算你只是剛開始沒多久的新手，文章很容易就會被搜尋到。

文章搜尋排在前面有什麼好處呢？首先你的部落格每日流量會爬得比較快，其次就是你的部落格很快就會有「商業價值」，不論是廠商業配置入或是幫助 SEO，都會有另一種收入的可能性。當然，在文章好看與賺錢之間的取捨，你還是要自己拿捏分寸。

如果是撰寫公司產品，那麼也因為你容易被搜尋，而找到你介紹的產品。

部落格優點二：好內容需要

雖然現在影音當道，年輕朋友都愛看影片，不喜歡看長篇文章，但文字應該還是永遠很難被完全取代的一種表達型態。為什麼呢？除了使用習慣之外，我覺得主要是效率。

看一支影片動輒花十幾分鐘，還要從觀看過程裡努力去過濾真正有料的內容，通常來說，還是休閒娛樂的效果多一些。但一篇文章上千字，可能只要幾分鐘就可以看完，還可以從標題中輕鬆地找到重點。所以，我覺得文字這種型態永遠都有一定的價值。

好的文字內容愈來愈少。因為 FB、Line 的出現，大家習慣寫幾句心情、感想就丟出去，反而比較少靜下心來寫一篇較長的文章，也因此，偶爾地出現一篇較有內容、擲地有聲的好文章，就很容易被大家轉發分享，被看到的機會反而比以前多了。

也是因為這些社群媒體的出現，以前寫完部落格文章，只能靜靜地等它被大家看到、搜尋到，現在可以自己把文章主動分享出去，流通的管道多很多。

再說，只要先把文章寫好，不論是用說的變成 Podcast，或用影像的方式變成 Youtube 影片，也是順水推舟的事，所以，不論什麼自媒體或行銷：

前提都是要有好內容，沒有好內容都是堅持不久的。

部落格優點三：入門容易

寫文章是最容易，也是最不容易的一件事。說它容易，是相較於其他自媒體平台，不用準備攝影機、麥克風，不用耗時費力後製剪輯；說它不容易，是因為大部份人平時都很少寫文章，怎麼把自己的想法有系統、有組織的說出來，其實也是需要練習的。

沒錯，你最需要的，其實就是不斷不斷地練習。雖然坊間有不少寫作課或文案課，但說穿了最重要的重點只有一個，就是要不停地寫，熟能生巧。不只是論說文，即便是開箱文、美食、旅遊分享文，只要你一直寫一直寫，就會每天都看到進步。（我相信拍影片或影音部落格 Vlog 原理也是一樣的，只是道具要更多一些而已。）

除了寫作之外，選個好的部落格平台也是重要的。以前可以開設部落格的選擇太多，光要在哪裡開站就猶豫不定，現在因為平台幾乎都倒光了，所以選擇性變少了，這也是一件好事。我當然不會建議大家去廣告滿版的痞客邦開站，免費架部落格的首選絕對是 Google 的 Blogger，功能支援多、自由度大，版型又多元，還可以自訂網址。

如果想認真的把部落格平台變成一個真正的自媒體，也不妨考慮買個網址、租個空間，用 Wordpress 架個站，再設計一下版型。網路上有很多相關資源可以找得到，也有人專門在做這種服務，架好一個部落格網站的費用從幾千元到一兩萬元不等，每年維護的費用大約是 3,000 元左右。花了錢的好處是，你可能更會督促自己努力寫點東西，不用太久，我相信只要能夠持續寫個 20 篇文章以上，就會看到一定成績了。

部落格優點四：出版需要

出書應該是很多人的夢想。拍 100 支 Youtube 影片，你還是很難變成電影導演（或演員），但你只要在部落格上累積同樣主題的好文章超過 50 篇（每篇 1 千字以上），就有機會把你的部落格文章集結變成一本書。

如果對公司的行銷經營來說，或許是把公司的品牌策略、經營技術集結成書。

這年頭要出書，除了書本內容是否有料之外，出版社最大的考量其實是能賣多少本？不要說變成暢銷書，能夠把第一刷的費用賺回來，或許就是值得賭一把的事，但出版社又怎麼知道你的書能賣幾本呢？很多人覺得懷才不遇想找到願意幫他出書的出版社，殊不知出版社也是每天在尋找可能會大賣的好內容。

在出書之前，如果可以先把大部份內容發表在部落格上有幾個好處，首先是確保自己真的寫得出來，出版大綱寫的再好，也不如先把內容寫出來，直接拿了幾十篇文稿去找出版社，主編比較容易做判斷，也不用擔心要一直催稿。

其次是藉由每篇部落格文章的發佈，可以先試試水溫，如果網路上都沒有迴響和分享，未來書出版之後要大賣可能也不容易，就看你是否要依讀者反饋適時調整一些文章內容；最後最重要的就是，如果你的部落格已經累積了一定的人氣和粉絲讀者，可以估算出一定的銷售量，那出版社願意出書也只是水到渠成的事情而已，就算自費出版都沒有問題。

以上，是我覺得大家可以開始練習寫作，並且可以開（重）

啟部落格的幾個主要原因，不只是解釋給你聽，更是勉勵我自己的話，目標是希望可以靜下心來沈澱思緒，多寫下一些關於行銷的想法或故事。

就讓我們一起開始寫部落格吧！

2-3 Line 經營重點提醒

台灣商家適合使用 Line 的原因

之前曾經提過，應該建立一個自己的網站，再透過社群平台把網站更新的有料內容傳播出去，不要全部仰賴社群媒體的策略。但是，不同社群平台有不同的優劣勢，應該用哪些？或是應該怎麼使用？就是接下來的課題了。

台灣目前最多人使用的社群平台有 FB、Line、IG、Youtube，我們先從最重要的工具開始談起，這個工具應該非 Line 莫屬。

台灣如今有 2,100 萬個 Line 帳號，或許有些人不只一個帳號，即便如此，市佔率也高的嚇人。我覺得用 Line 行銷有幾個重要的優勢：

- 使用年齡、族群最廣
- 每天使用次數最頻繁

- 內容傳達效果最好
- 轉分享不同群組方便快速
- 官方帳號功能完整

想像一下，如果一間餐廳從三年前同時開始經營 FB 粉絲團與 Line 官方帳號，每次都請客人同時加入兩邊變成粉絲，不另外花錢買廣告或辦抽獎活動增加新粉絲，默默地兩邊都累積了 5,000 人左右，現在兩個社群平台比起來，哪一個更具有實用價值呢？

FB 粉絲團因為演算法沒說出口的設定，觸及率降到 1% 以下，5,000 粉絲發一則文看到的可能只有 50 個人。Line 官方帳號沒有演算法，但有可能逐漸被封鎖，三年下來或許只剩下 2,500 粉絲，而且因為開始收費，所以群發一次訊息大約要 500 元左右，開啟率算 50% 好了，看到的人應該還有 1,250 人左右。

前者雖然免費，但怎麼發都只有 50 ～ 100 人看到，後者雖然要付費但每次發送有 1,000 ～ 1,500 人看到，對行銷效果來說孰優孰劣，應該是不言可喻的。

當然，並不是因此我們就不要經營 FB 了，關於 FB 現今的經營策略之後再和大家分享，但 Line 真的很重要是無庸置疑的。所以每當我的客戶和我說他預算和時間有限，只能選擇少數幾個平台來經營，我會勸告他說「Line 絕對是不能放棄的選項。」

關於 Line 的經營策略，我之前寫過兩本書，這裡就不細說，只想分享一下我認為未來的幾個重要經營趨勢，給大家參考一下。

一、Line 官方帳號可綁定會員，變身成實用 APP

如果還單純把 Line 當成一個群發廣告工具，那你不但落伍，而且最後花了大錢效果還不一定好。自從 Line 官方帳號（Line@）在 2020 年開放免費 API 串接之後，各式各樣的外掛程式如雨後春筍般愈來愈多元，價格也愈來愈實惠。

如果你有辦法把 Line 官方帳號串接 API，綁定成會員，轉化成一個和你們產品服務相關的實用 APP，讓大家即使沒收到訊息，也會時不時主動打開來「使用」，這才是最厲害的應用。關於這一點，未來有機會我再專門仔細和大家說明。

二、Line 廣告購買機制上線

大家都知道，FB 的廣告系統很方便，進入門檻也低，任何人都可以透過刷卡隨時購買小額廣告，還有很精準的受眾設定機制。Line 也在 2021 年初開放廣告購買機制，每人都可以透過 Line 上面不輸 FB 曝光數的幾個版位投放廣告，不僅也能設定篩選受眾，還可以增加粉絲，或做官網導購、導引下載 APP 等等，相信這對很多預算有限的公司來說，會是一個很重要的宣傳利器。

相比 FB 廣告，在 Line 上有機會可以找到一些完全不用 FB 的族群（老人和年輕人），是最吸引人之處，非常令人拭目以待。

三、Line「社群」聊天愈來愈多元

Line 在 2020 年中推出「社群」功能，每個社群最多可以有 5,000 人，管理員比從前有更多的權限，也不用再擔心被翻群（後加入者把成立的管理員踢出群組）了，有點類似進化版的「群組」，也有點像是簡易版的「FB 社團」，是一個可以經營的好平台。

Line 社群最大的好處就是傳達效果比 Line 官方帳號更好，互動性也更佳，不像 Line 官方帳號比較講求一對一互動。然而，在你一言、我一語的聊天過程中，很容易讓 Line 未讀訊息數爆增，引發更大的資訊焦慮，再加上當社群人數太多，互相都不認識的情況下，很多人都選擇當個潛水族就好，不一定會想發言融入，導致最後互動的都是那幾個人而已。

我觀察目前的社群分類列表中，內容五花八門，但人數普遍還不多，未來等全面開放之後，應該也會是一個行銷必爭之地。

四、Line 自訂分類的影響

Line 在 2020 年底推出許多人期盼已久的自訂分類功能，讓大家很方便可以把不同性質的聊天對象（群組）分類放好，還可以一次把某個分類的訊息全選已讀。這個功能對資訊焦慮的使用者來說當然是一大福音，但對於 Line 官方帳號和社群的經營者來說可就是相當悲劇了。本來就容易被略過的訊息，現在因為獨立被放在一類，開啟率只會愈來愈低。

我在前面提到「如何把你的 Line 官方帳號轉型變成實用 APP，讓大家自發性想去開啟」會愈來愈重要。

另外，如何製作群發讓大家「不想錯過」的實用好訊息，讓帳號不至於被歸類在永遠沒空讀的那一類裡，也會是一個重要的課題。

以上是我覺得 Line 在 2021 年的幾個經營與觀察重點，關於貼標籤、分眾行銷這些大家早就耳熟能詳的策略我就不多說了。另外值得一提的是，如果單純看訊息傳達效果的話，相較於 Line，FB Messenger 上的廣告比較少（也不容易被粉絲封鎖），我發現周遭有一些朋友偏愛使用 Messenger 而少用 Line。

而 Messenger 如果透過聊天機器人產生的訂閱戶，可以讓粉絲團在 24 小時政策下群發訊息給粉絲，這種方式的傳達效果完全不輸 Line 官方帳號，花的費用可能又更低，也是可以多多嘗試的方式。

2-4 三種 Line 工具的比較分析

三種 Line 工具比較表

在 Line 上有三種工具可以用來做行銷，一是最多人使用的 Line 群組，二是最近新出來的 Line 社群，三是 Line 官方帳號，究竟這三種工具有何異同？何時應該要用什麼工具比較好？我先整理一個表格讓大家看，再來簡單分析。

	Line 群組	Line 社群	Line 官方帳號
人數限制	500 人	最多 5,000 人 可設定人數上限	無
費用	無	無	500 群發訊息數後，按訊息量繳月費；一對一聊天免費
申請限制	無	無	• 未認證帳號無限制 • 認證帳號須附機構證明
串接 API 外掛功能	無，可結合 Line 官方帳號	無	可串接一組 API 選擇性多樣化
互動方式	群聊	群聊	一對一私訊 貼文串可互動
關鍵字回覆功能	無	可以	可以
過期聊天訊息	新成員看不到舊內容	新成員看得到舊內容	新成員看不到舊群發內容
成員加入審核	無	可設定管理員審核	無
成員姓名	原 Line 暱稱	可重新取名	原 Line 暱稱 管理員在後台可修改

結合聊天機器人	可以，一群加一支機器人	不行	本身有 AI 自動回覆功能
成員張貼內容限制	無	不能放成員 ID	管理員群發或成員一對一私訊都無限制
管理員	無	可設定多管理員	可設定多管理員
貼文權限	每個人都可以	可設定只有管理員可以	管理員才能群發
設定公告	每個人都可以	可設定只有管理員可以	無此功能
刪除訊息	只能回收自己的訊息	管理員可刪除成員訊息	不能回收群發訊息
將成員退出	每個人都可以	只有管理員可以	可設成黑名單
新增投票或活動	每個人都可以	可設定只有管理員可以	無此功能
適用對象或情境	• 人數少 • 成員互相熟悉 • 每一成員的權力較平等	• 人數較多 • 管理員希望擁有比較多的權力，可避免被翻群	• 單方面傳遞訊息 • 成員可以一對一私訊 • 保有隱私也避免被打擾
訊息被看到的機會	較大。但聊天訊息一多還是容易被淹沒	中等。要看社群人數和聊天訊息數多寡而定	低。群發訊息開啟率在 30%-50% 之間

Line 群組、Line 社群，你適合用哪個？

透過我簡單整理的表格，大家應該看得出來，Line 群組和社群的功能比較接近，都是大家在裡頭你一言、我一語的互動平台，Line 官方帳號則比較像是傳統的「電子報」，著重在群發功能，成員有意見也是和管理員一對一私訊，較能夠保有隱私感。

我舉一些具體的例子來討論各種使用情境好了。撇開日常工作使用或朋友聊天群組，最常使用 Line 群組來做行銷的人應該就是團購主，主揪者先把粉絲或同好拉在一個群組裡，然後在群組裡介紹想號召大家一起團購的商品，想買的人可以留言回覆，或是在記事本裡留言 +1，很方便統計數量，最後團購主要想如何付款和交貨。（如果棄單就踢出群組）

大家應該都加入過類似的團購群組，這種群組又分成兩類，一種是團購主個人色彩鮮明，粉絲全都是因為他的號召才加入，群組裡只會有主揪那個人發起的團購，這屬於他／她的地盤，其他人除非太白目，否則是不可能在群組裡頭發起自己想團購的商品；另一種就比較像是鄰里社區之間的團購群組，任何人都可以在裡頭發起，每人都可以當主揪。

所以上述前者的團購主，其實這時候應該已經可以完全轉換到「Line 社群」了，它更方便管理，幾乎可以滿足「一人團購主」要的所有功能。

後者則是還可以繼續沿用原本的「Line 群組」，不一定要換成社群，因為凡事都有正反兩面，Line 社群的優點，有時剛好正是 Line 群組的缺點。例如 Line 社群人數太多太雜，讓人不容易融入，不像 Line 群組控制在 500 人以內，是一個稍微安心一點的環境。

Line 社群允許使用者另外取一個名稱，但 Line 群組卻只能使用原本的暱稱，也更能突顯原本的真實身份，避免遇到陌生人詐騙的情況發生。

再舉一個例子。這幾年，不論是全家或 7-11 都開始成立 Line 群組做行銷，我也加入過不少類似群組，後來實在是太多人在裡頭碎碎唸，未讀訊息量一夕爆增，才又退出了一些群組。剛開始我其實很好奇，這些便利商店店員是嫌自己不夠忙嗎？為什麼要再成立一個群組來服務鄰里呢？裡頭雖然通常只有兩三百人，但大家七嘴八舌聊起天來還是很可怕的，而且偶爾還會有人在群組對店員提出一些奇妙的需求，例如「麻煩幫我顧一下剛下課的小孩」之類的……

我有問過那些成立 Line 群組的店長朋友們，成立 Line 群組最主要的目的為何？為什麼不轉成 Line 官方帳號就好？單方面只讓粉絲接收商品情報，有興趣的人直接私訊回覆，這樣管理起來不是比較輕鬆嗎？原來便利商店成立 Line 群組的初衷，也是要經營團購，但團購商品都是以便利商店的各項商品為主，大家只要在記事本裡＋ 1，等商品來了之後直接來店裡取貨就好，完全沒有一般團購主付款及取貨的困擾。

Line 官方帳號雖然可以讓大家少點訊息量，又保有個人隱私，但最大的缺點就是「無法激發大家想要一起買的衝動」，不像群組裡看到很多人下單及詢問時，多少會受到一點渲染或跟風效果，就跟著＋ 1 了，所以以團購這件事來說，Line 群組或社群實在比官方帳號實用太多。

這些便利商店的群組多少都有一點管理上的困擾，第一是怕被翻群；第二是一般人搞不清楚管理員是哪位；第三是統計訂單核對身份上有困擾（尤其怕遇到棄單的人）。所以，後來又衍生出可以解決這些困擾的機器人程式，包括防翻群、＋ 1 統計訂單、線上付款等等。但目前「Line 社群」還不能加入機器人程式，所以他們暫時也只能繼續使用「Line 群組」。

你的商家應該會哪一種 Line 工具？

總結來說，如果你希望 Line 就像一個 APP 一樣提供各種應用服務，而且主要看重的是訊息傳遞目的，那你應該使用的是 Line 官方帳號。

如果你希望在 Line 上面讓很多人交流互動，而且不擔心未讀訊息量太多，就應該使用 Line 群組或社群，前者比較沒有管理功能，人數較少，後者比較著重管理功能，人數最多可以到 5,000 人。（如果你壓根就不曉得我前面提到的 Line 群組聊天機器人是做什麼用的，那表示它對你不重要，你現在要成立就直接選擇「Line 社群」準沒錯。）

我也看過一些例子，是把「Line 社群」拿來取代「Line 官方帳號」，成立之後完全不讓版主以外的任何人發言，只有版主可以貼訊息，這看起來彷彿有些霸道，但因為粉絲真的很不想錯過版主的訊息，所以加入該社群的人數還是很多，甚至逼近 5,000 人上限。和官方帳號無人數上限比起來，雖然人數比較少，但如果這 5,000 位全都是「鐵粉」，那傳遞訊息的效果也是很不錯的（更何況還可以成立二群、三群、四群），重點是用這種方法來群發訊息一毛錢都不用出，而且被看到的機率還比官方帳號高一些。

當然，對商家來說，最聰明的做法其實是既成立 Line 官方帳號，也成立一個 Line 社群，讓客戶同時加入兩者，但是內容、更新頻率和經營方式最好有所區隔，才不會讓大家覺得一直看到重覆內容。

Line 官方帳號可以當做官方正式基地，每月群發 1~2 次就好，Line 社群則是每天都可以發佈實用好內容，但最好不要讓成員在裡頭漫無目的亂聊，也不要讓有心者混進來打自家廣告，要把發言規則先訂清楚。

透過雙管齊下的會員客戶經營方法，等累積了一定的人數之後，未來必會對業績有正面的幫助。畢竟 Line 是目前全台灣使用人數最多、黏著度最高的 APP，沒有好好運用就太可惜了。

2-5 FB 社團、個人頁的重要性超越粉絲專頁

Facebook 的個人頁面可以作為行銷管道嗎？

Facebook 有三種不同的經營管道，一種是個人頁、一種是粉絲專頁，另一種則是社團。行銷人員最熟悉最常用的可能是粉絲專頁，其實另外兩個也是很好用的行銷管道，可以和粉絲專頁交互運用。

先來說一下個人頁面，它和粉絲專頁有幾個比較大的不同之處：

- 不能買廣告推廣
- 可以設定發文隱私權限
- 發文自然觸及率比粉絲專頁高許多
- 無法設定多管理員
- 沒有洞察報告

個人的好友數雖然只有 5,000 人，但追蹤人數沒有上限，好友和追蹤有何不同？以白話文來解釋，好友就是你們互相認識的人，追蹤者則通常是你不認識的人；以 FB 上的功能來舉例差異的話，如果你發表一則「只限好友才看得到的貼文」，那追蹤者（或好友裡「受限制的對象」）就看不到了。

大部份人會想經營粉絲專頁而不是個人頁面的原因，主要是粉絲專頁比較像你在 FB 上的官網，你不一定要用自己的真實姓名，可以取一個品牌名稱，還可以請助理或行銷公司代為經營管理，也可以透過後台洞察報告，去分析粉絲組成，觀察每則貼文的表現，還可以在重點貼文上買廣告加強曝光、互動或導購。

粉絲專頁比起個人頁來說，各種功能看起來都更適合企業經營使用。然而，粉絲專頁有一個很致命的缺點，就是前面提的「自然觸及率低到不行」。

因為 FB 靠廣告費維生，所以在不花錢買廣告的情況下，粉絲專頁的貼文幾乎很難被粉絲看到。相較之下，個人頁的觸及情況真的好許多，尤其是經常互動的親朋好友們，幾乎你一貼文就會立刻出現在他們的塗鴨牆上。

也因此，這幾年來，比較聰明的公司會同時經營粉絲專頁和個人頁。在個人頁的做法是：

- 創造一個代表人物，可能是虛擬人物也可能就用老闆的姓名。
- 請客戶先幫粉絲專頁按讚，然後再用個人頁的角色去和客戶多互動。
- 甚至用個人頁角色和客戶互加好友。然後比較重要的貼文，同時在兩邊一起發送，看到的人就會更多了。

還有另外一種人，他一開始就打著「把自己這個人經營成網紅」的算盤，不在意自己的姓名曝光，也不在意公私混雜在一起，為了省事，就全部都只用個人頁來經營，反正 5,000 個好友滿了之後，其他不認識的人就全部當追蹤者就好了，不買廣告，不辦活動，所有的文章、影片、直播都用個人頁來發表，看到的人可能還不少，也有一定的影響力。

全世界最有名的代表人物就是 FB 的創辦人 Mark Zuckerberg，他並不是用粉絲專頁，追蹤者卻有 116,821,822 人。台灣的「呂秋遠律師」也是用個人頁面，追蹤人數有 728,185 人。

說不定這些人有兩個不同的個人頁，一個是用大家知道的姓名，公開讓大家搜尋得到，另一個則是用別名暱稱，只加幾個真正認識的親友，藉以保護自己的隱私，至於為何不用粉絲專頁，說不定只是懶得去熟悉不同介面而已。

Facebook 的社團是行銷主戰場

除了個人頁面之外，FB 這幾年的另一個主戰場就是「社團」。台灣最大的社團非「爆料公社」莫屬，影響力早就超越 BBS 的八卦版，成為記者每天追逐新聞的園地。

除此之外，台灣還有林林種種數不清的社團，因為社團有三種隱私等級：公開、半公開、私密，說不定有很多不為人知的「私密社團」，隱藏著很多不為人知的交流在裡頭，可說是台灣現在最重要的人際交流管道。

粉絲專頁和社團功能大不同，但我覺得除了功能之外，兩者最大的差異是前者的主角是只有管理員，後者的主角則可以是所有的成員。當然，也有某些社團版主不太讓成員發起話題，這種社團多半有特殊目的，例如團購主揪團。

絕大部份經營比較成功的社團，通常都是靠許多樁腳成員不斷發起話題，經常互動、回應別人的提問，才能慢慢把氣氛炒熱起來的。

Facebook 社團和 Line 群組比起來有很多好處，最大的優點就是「比較不干擾」，即使社團成員全都是不認識的陌生網友，也不用擔心大家你一言我一語，導致未讀訊息數不斷攀昇而感到焦慮。當然，相對它的缺點就是你的貼文比起 Line 群組被看到的機會小一些，但好歹也比粉絲專頁的觸及人數高。

如果把 FB 的三種管道觸及人數一起做比較，應該會是：個人頁面＞社團＞粉絲專頁。

從廣告行銷角度來看 Facebook 社團管理技巧

社團也有幾個最致命的缺點，就是管理和導流、轉換的困難。當人數一多時，通常就必須要徵求幾個熱心的義工版主一起管理秩序，否則不是大家吵成一團，就是社團裡充斥著各式各樣的廣告，亂久了成員也就紛紛都想退出了。

更重要的是，一個社團即使管理再好，互動再活絡，企業通常的難題是：在商業上，這個社團的價值究竟在那裡？

因為社團無法投放廣告，所以我不能把某個社團的成員當成廣告 TA 來投放，那直接在社團裡安插一些廣告文呢？當然也是可以，但根據一些實驗結果，即便把廣告文設成置頂貼文可能成效也不好，因為廣告通常都不是成員真正想看的內容，很容易就略過了。

現在比較常見的社團運用方法，是透過第三者成員間接分享來帶動氣氛，藉以讓比較多人看到訊息。

例如某個「賣場商品討論社團」，時不時會有熱心網友貼出偶然發現的好商品，後來又傳出被掃貨一空買不到的消息，產品銷量就增加了。又譬如最近某個正妹在西門町街頭拿著看板找乾爹，剛好被網友拍下來分享到爆料公社，後來又被新聞媒體報導，最後才曉得是某家解酒液的廣告手法，說不定都是一連串設計的結果。

這種手法要成功，重點是分享得要夠自然，不能被抓包是假人頭在帶風向，否則反而可能會有反效果。

如果撇開直接導購不說，社團其實是尋找同好、深度經營會員的好工具，有不少網紅會把鐵粉加入一個私密社團裡，在裡頭給很多好康，經常舉辦一些外面看不到的團購優惠；也有一些知名講師會把上過課的學員加入私密社團裡，讓同學在裡頭多交流互動，也讓這些學生變鐵粉，將來有新課程、新活動讓他們搶先報名參加，這都是不錯的運作方式。

從這幾年的趨勢觀察看來，FB 還在持續不斷豐富社團的各種功能，這應該會是他們很重視的發展方向，未來重要性超過粉絲專頁也是很有可能的。

那麼，關於觸及率不斷下滑的粉絲專頁又該如何經營？ FB 廣告究竟有沒有效？就讓下篇文章來和大家說說吧！

FB 粉絲專頁其實是個大騙局？

粉絲專頁數據容易讓人誤會

談到 FB 的個人頁和社團有可能會愈來愈重要，接著補充 FB 從以前到現在最多人使用的行銷工具「粉絲專頁」。

其實在我心中，一直認為 FB 粉絲專頁是個很大的騙局（或誤會）！

怎麼說呢？粉絲專頁其實沒問題，有問題的是其中「按讚變成粉絲」這件事。大家從一開始到現在，應該都有一個錯覺，所謂粉絲就代表以後都會看到你的內容，所以粉絲數愈多，看到的人就愈多，影響力也就愈大。因此所有企業、網紅在經營粉絲專頁時的第一個目標，就是粉絲數愈多愈好。

如果只有粉絲數也就算了，偏偏管理員還會看到另一個數字「觸及數」，在每篇文章下方都有這麼一個數字。講好聽一點，觸及數就是「有多少人看到你的貼文」，但實際上應該是「你的貼文出現在多少人的塗鴨牆上」，因為「有出現」不代表「真的有看到」！

很可能只是快速滑過，根本沒留意你寫了什麼，沒關係，這本來就不是 FB 的責任，你的文章圖片無法吸引粉絲佇足停留，小編自己要負比較多的責任，但如果觸及數很低很低，意味著可能你的貼文根本就沒出現在「所謂粉絲」的塗鴨牆上，那不就和我們成立粉絲專頁的初衷完全不相符了嗎？

於是，每當看到粉絲人數愈來愈多，每篇文章的觸及數卻愈來愈低時，小編和老闆們的心情怎麼好得起來？

FB 官方的解釋是這樣的，隨著使用 FB 的人愈來愈多，大家按讚的粉絲專頁、社團、好友愈來愈多，所以 FB「很貼心」的幫你過濾塗鴨牆上的內容，避免你有資訊爆炸之虞，於是從某一天開始，你按過讚的粉絲團貼文並不一定會出現在你的塗鴨牆上，而且可能還愈來愈少出現。

大家要知道一件事，你在 FB 上看到的世界，並不是真實的世界，而是「FB 要讓你看到的世界」。FB 用所謂的「演算法」操控著你的塗鴨牆會出現哪些內容，久而久之，這個塗鴨牆會變成一個很深很深的同溫層。一般來說，演算法有幾個重要指標，包含「親密互動程度、發文時間、發文型態、停留時間」等等，除了這些指標之外，還有很多 FB 沒告訴你的事也在影響著你的塗鴨牆，包括你的使用習慣、上站時間、好友人數、站外的瀏覽行為等等。

理論上，FB 做為一個現代人最重要的社群平台，演算法最重要的核心精神應該就是要「不斷的進行優化，讓你上來使用時，首頁看到的全都是你想看的，排除掉你不想看的」，這樣才會增加你的黏著度，於是你塗鴨牆上清一色出現的都是好友和社團的動態，而那些曾經按過讚的粉絲專頁，因為平時就很少互動，所以即使更新了也不一定會出現。

這聽起來好像也很合理，但實際上，因為 FB 有廣告收益的壓力，導致這個演算法會變得愈來愈不準，但只要任何人願意花錢買廣告，不論你是否和他互動過，就是一定會看到那些廣告訊息。

也就是說，粉絲專頁的「讚」並不是真正「粉絲」或「訂閱、追蹤」的概念，而是表達「我對這個內容有點興趣」而已。

粉絲人數成為不重要的指標

客戶按讚過的 Facebook 專頁發佈的貼文，客戶也不必然一定會看到，等到有一天這個專頁開始買廣告時，可以選擇針對曾經按過讚的粉絲來投放，就只有這個作用而已。

換成其他的行銷工具，例如 Line 官方帳號，不論你有多少粉絲數，只要你付得起群發費用，你就一定可以把訊息傳送到粉絲的手機裡，差別是在他會不會開啟而已，這才是真正值得累積的「粉絲」。

換句話說，當粉絲專頁的自然觸及數低到一個不行時，粉絲人數也就愈來愈沒意義了。我舉個簡單的例子你會更瞭解：有個粉絲專頁花了一年累積了 1 萬粉絲，結果每次貼文觸及人數都只有 100 ～ 200 人；另外有個粉絲專頁才剛成立，粉絲人數還不到 500 人，但每次貼文只要投放個 300 元廣告，輕輕鬆鬆就可以觸及超過 1,000 人。

前面那個花了一年時間，辛辛苦苦叫客人按讚的粉絲團豈不是大笨蛋嗎？雖然貼文沒花廣告費，但前期為了吸引粉絲按讚加入，肯定也投入過不少的行銷預算，完全是白白浪費了。

總結一下，我並不是要說粉絲專頁就完全沒有效果，但我覺得粉絲專頁的「按讚數」會愈來愈沒有參考價值，每篇文章「觸及人數」才是最重要的。

做行銷最重要的目的，就是讓你的內容被愈多人看到愈好，在 FB 的世界裡，也就是觸及數愈高愈好，至於大家看到了你的內容，會不會導引去做什麼事，例如買東西、參加活動、留資料等等，那是看你內容製作的功力而定。

如何提高貼文的觸及人數？

那要怎麼達到高觸及人數呢？在 FB 的世界裡有三種最基本的方式：

- 直接買廣告。
- 內容有共鳴很多人留言分享。
- 辦抽獎活動要求大家留言分享（不過 facebook 有明文禁止）。

由於最後一種方式 FB 早已明文禁止，所以就只有前兩種可以用。如果你想少花錢，就多想想怎麼創造「容易被分享的好內容」，如果你懶得想內容，就直接花錢買廣告吧！

100 萬人的粉絲專頁和 1,000 人的粉絲專頁，自然觸及的人數當然還是不同，我不是要說粉絲人數完全無用，只是如果你現在才要開始經營粉絲專頁，請不要再迷信「粉絲人數」這件事，專頁只要有基本人數就夠，其他時間精力還不如多想想如何豐富你的貼文內容，讓更多人會想自發分享。

如果真想多累積一些未來可以確實收到你訊息的鐵粉，不妨多想想 Line 官方帳號、Line 社群或 FB 社團之類的工具，可能會更直接有效一些。

FB 粉絲專頁命名的重要性與技巧

不是如何設立專頁，而是如何命名

Facebook 粉絲專頁經營的第一步，不是「按下建立」按鈕，而是應該先想想：這個粉絲專頁究竟想經營的對象是誰？如果把它當成一個社群平台，你希望透過「粉絲專頁」尋找到怎樣的粉絲呢？

很多人直接忽略了這一步，就用自己的公司當名稱，但你用公司名稱當做專頁名稱時，會吸引來的當然也是對這個名稱有感覺的人，絕大部份應該都是原本就認識你的舊客戶，這好像也沒什麼錯。

如果你期望的是透過粉絲專頁找到潛在的受眾客戶時，就不一定要用公司名稱，甚至不一定要讓別人知道這個粉絲專頁是誰成立的。

我舉一個簡單的例子，如果你的粉絲專頁叫做「板橋自強寵物用品專賣店」，會來按讚的一定都是住在板橋且來過的客人，粉絲成長的速度不會很快，而且到達一定人數就會很難再往上增加，因為可能住在板橋對你這家店有印象的人就那麼多而已。

如果今天你的粉絲專頁叫做「板橋貓奴互助會」、「板橋狗狗互助會」或「板橋孔雀魚互助會」，就有可能吸引到所有住在板橋愛貓、愛狗、愛魚的人，甚至如果內容夠豐富，即使不住在板橋的人也會想要加入，這些人未來都有可能會變成你寵物用品店的新客人。

所以成立粉絲專頁時想的第一件事，就是你要經營的究竟是「以公司名稱」為主的老客戶，還是「以社群名稱」為主的新客戶，這是完全不同的兩條路線。

你也可以設定多個粉絲專頁

沒有人說你不能同時經營多個粉絲專頁，本來就可以多管齊下。檯面上那個以公司名稱為主的粉絲專頁還是要成立，因為你總要給客戶一個搜尋、打卡、互動、詢問的管道，但就不用更新太頻繁，內容也以公告性質為主。

另外在檯面下再成立一些以社群名義經營的粉絲專頁或社團，那才是你真正要去花力氣去製作內容、保持互動的園地。這也是很多公司沒有對外說的祕密策略，你們看到的很多不知名的社群導向粉絲專頁或社團，背地裡可能都有著商業的目的。

粉絲專頁的命名，可以說是最重要最重要的一件事，命名對了，就成功了一大半，命名錯了，就可能會完全看不出成效。以下再舉幾個例子。

我自己在幾年前上課時，曾經隨手成立過一個粉絲專頁叫做「我會變瘦」，只在開站時貼了一兩則內容，後來就完全荒廢，自己都忘了曾有這麼一個粉絲專頁，沒想到有天點過去看，那裡竟然不知不覺有 3 千多個粉絲！仔細探究原因，應該是「我會變瘦」這四個字有著神奇的魔法，讓人一看就情不自禁想按讚，希望自己也可以變瘦就好了。

我們公司早期比較認真在經營的粉絲專頁叫做「低預算網路行銷分享交流站」，會在上頭定期更新一些花小錢甚至不花錢的行銷方法，粉絲也默默成長到 7 千多人，當時許多客戶或學生，都是因為這個粉絲專頁而導進來的。但這個粉絲專頁大約在五、六年前就暫停經營了，並不是人力不足，而是我們對客戶的收費愈來愈高，透過那個粉絲專頁來的客戶都是預算比較有限的，可能不符合我們的 TA，所以最後也只好暫時忍痛放棄。

大家應該都有聽過：「我是 XX（地名）人」之類的粉絲專頁吧？其實這些在很早以前都是由同一間公司成立的，他們一口氣就成立了全台灣「我是 XX 人」一系列 20 個左右的粉絲專頁，成立後讓小編隨手在粉絲專頁裡更新一些在地新聞、資訊，大家一看到名稱「我是 XX 人」覺得很有共鳴就按讚加入了，結果很顯而易見，這些粉絲專頁不用很認真經營，人數少的有幾萬粉絲，多的甚至有幾十萬粉絲，幾乎全都是靠名字就吸引進來。如果你想在這些專頁上放廣告，還要私訊管理員付費才行，甚至後來紅到還有很多複製名稱的粉絲專頁或社團出現，因為 FB 並沒有限制名稱不能重複。

名字，就是粉絲專頁不可或缺的重點

用什麼樣的名字，就會吸引到什麼樣的粉絲，這點是絕對不會錯的。而且因為粉絲專頁名稱在一定人數之後就不能隨便更改，所以你在成立前就一定要先想清楚。

因為我在上課時也總是不斷和學生分享這個很簡單又重要的觀念，所以不少學生上課後第一件事就是改名字或乾脆直接砍掉重練，成立一個新的粉絲專頁。像有位高徒好友林靜如原本的粉絲專頁叫做「可道律師事務所」，聽起來就很官方嚴肅，經營一年粉絲人數也才 1 千人左右，後來在上課期間，就重新成立了一個粉絲專頁「律師娘講悄悄話」，名稱取得極好，加上她本身的文筆極佳，文章故事都很能引人共鳴，後來粉絲專頁的人數就不斷攀昇，如今已有 28 萬粉絲。

還有另一位好友戴東華，在上課時成立了一個以優質旅遊為主題的粉絲專頁，為了要突顯他們家的服務特色及人味，就取名叫做「跟著董事長遊台灣」，以他父親戴董做為號召，再配合精彩的相片及生動的文案，粉絲人數成長很快，至今已有 62 萬粉絲，堪稱台灣旅遊類粉絲專頁第一名。而且他們是先有了成功的粉絲專頁社群經營成果，後來才去把這個名稱註冊成為品牌，也才有後來的旅行社相關業務，由此可見一個好名稱的影響是無遠弗屆的。

Facebook 粉絲專頁命名三關鍵

像這樣的成功案例實在不勝枚舉，以下我簡單分享粉絲專頁在命名時最重要的三個關鍵：

一、要讓你經營的目標對象看了會感興趣，並主動想按讚或追蹤。
二、名稱愈有人味愈好，如果可以帶出某個角色更好。
三、帶點創意，讓人看了留下深刻的印象。

在具體命名時可以使用「動作」+「人名」+「做什麼或想什麼」。例如前面說的「跟著」「董事長」「遊台灣」，如果覺得太長了，也可以把前方的「動作」拿掉，就會變成像是「律師娘」「講悄悄話」，也很清楚易懂又吸引人。

當然，你也不能只是靠名稱把人騙進來，和名稱相符合的有料內容才是大家會不會留下來的重要關鍵。而且千萬不能掛羊頭賣狗肉，名稱聽起來很社群導向，但內容全都是你們家的廣告，那一下子就露餡了，最好循序漸進，先讓大家看到多一些好內容，再慢慢想辦法把你們家的產品或服務置入到這些好內容裡才是正確做法。

好的專頁名稱幫你降低廣告費用

最後，我再補充一個粉絲專頁取個「社群導向好名稱」的優點。如果未來有一天，你想透過 FB 廣告來增加粉絲或追蹤數時，一個好的名稱會讓你的費用相對來說低很多。很久以前，我們有個客戶為了經營運動族群，新成立了一個粉絲團，名稱叫做「享運動」，那時透過廣告幫它新增一個粉絲的成本大約在 3 元左右，算相當便宜，但同一時間，我們有另一個客戶是一家醫美診所，粉絲專頁名稱就是醫師姓名＋整型診所，它一個新粉絲的成本要 40 元以上。

原理很簡單，因為大家一看到這種很官方制式的名稱就不會想按讚，而社群型態的名稱就比較佔便宜一點。

所以，好的粉絲專頁名稱可以帶你上天堂，不好的名稱會讓你在經營時事倍功半。

在成立粉絲專頁前還是多動腦想一些好名稱，然後問問周遭親朋好友看了有沒有想按讚加入的動力，如果大家很明顯都沒興趣，可能你就要再多想一下了。

增加 FB 貼文互動的九個小技巧

facebook 貼文最重要的是被分享

FB 上的貼文自然觸及率，影響最大的因素就是「互動人數」。

不論是個人、粉絲專頁或社團，如果發出去的內容沒有人和你互動，這則貼文很快就會石沈大海，好像從未出現過一般。相反地，如果你的貼文一開始就可以引發很多的互動，這些互動的人的朋友們可能也會看到貼文，也上來做互動，進而變成一個正向循環。隨著互動的人愈來愈多，看到的人也會愈多，這就是社群擴散的效果。

FB 的互動一共有四種：

- 按讚（心情）
- 留言回應
- 分享
- 點擊

前三種是任何人都可以看得到的數字，最後一種只有粉絲專頁的管理員才看得到，但其實也算是互動的一種。

這四種互動當中，最重要的其實就是「分享」，因為「分享」的人愈多，看到（觸及）的人也就愈多。然而，這其中最困難的互動也是分享，因為把你的內容分享出去時，有時也會突顯出分享者自己的品味、觀點、想法，所以大家通常會考慮比較多一些。所以要增加互動，我們的首要目標是希望「分享」的人愈多愈好。

撇開 FB 演算法中，因為你貼文的「格式」、「時間」導致的低互動數，單純就貼文內容本身來說，就有很多影響互動數的重要因子，以下就來和大家分享幾個絕對能有效提昇互動數的小技巧，這些技巧不論是在個人或粉絲專頁貼文都適用喔！

一、發文內容不要只想做廣告

不可諱言，很多人經營 FB 就是為了行銷自家產品或服務，但如果你在發文時只想到這點，通常互動成效會很差，因為你「只想到自己」，卻忽略了別人看到貼文時的感受。

將心比心，誰會想一直看到別人的廣告呢？如果考慮別人看到這則貼文的感受，或許你在發文前會多想一下，如果可以把商品訊息置入實用訊息裡，會更受歡迎一點。

二、找到貼文會被分享的理由

如果你的內容沒有任何可能被分享的理由，那它就不會被分享，這說起來好像是廢話，但很多人卻從來沒想明白，發完文之後只會抱著不切實際的幻想，或只能依賴廣告來得到互動。

一般人會因為什麼內容分享？

- 好笑
- 感動
- 新奇
- 實用

都是刺激分享互動很重要的元素，如果你的內容不具備以上任何一個甜蜜點，那最後就絕對不會有奇蹟發生。

三、下互動指令

網友都是被動的，大家看了好內容自動自發會想分享，當然是最理想的。

有時也需要給大家一點小小的暗示，先找出上述「可能被分享的理由」之後，然後主動在內文中鼓勵大家分享給周遭有需要的朋友，一定會比什麼都不說效果來得更好。

只要不送禮物，「單純鼓勵分享」其實不算是誘餌式貼文。

四、時事話題跟風

如果你的內容剛好很呼應最近的時事話題，也有可能得到一波關注與分享。所以身為一個小編，要非常注意最近在 FB 上的流行趨勢。例如前一陣子大家都流行發「# 一句有聲音的句子 challenge」，或是最近剛好遇到什麼重要節慶，都可以發相關的貼文或內容。

當然，能夠在跟風的同時也帶出自己的產品或企業品牌，會對銷售導購的幫助更大。

五、愈實用的內容分享愈多

如果要找到被分享的理由或發想哏文對你來說很困難，至少可以規劃一些很實用的內容，而且最好還把這些實用內容做成資訊圖表或懶人包，會讓人看了更有分享的動力。

例如你在花蓮開民宿，就可以經常分享花蓮旅遊或吃喝玩樂的資訊，這些就是很實用的資訊，至少看起來絕對會比起你的房間價格實用多了。

六、用問句製造互動

你發現了嗎？如果你的貼文最後是用問號做結尾，回應的人一定比較多。如果只是一個平鋪直敘的句子，除非內容很特別，否則大家是不會留言互動的。

所以如果你很希望大家多多回應，一定要好好練習發問的技巧。而且最好儘量問比較開放、每個人都可以發表自己意見的主題，避免只有「標準答案」的封閉式問法，這樣才能創造更多互動。

七、愈有人味愈好

沒有人會想和一家店或一間公司做互動，除非大家是上去抱怨。

所以我都會儘量建議小編在經營粉絲專頁時要多帶一點人味，可以用小編自己的角色，也可以用創造出來的虛擬人物，總之，在發文時絕對不要用太官方的企業口吻，才能夠引出更多人想要和你互動。

八、事先找好樁腳領頭羊

發完文章之後，為了先炒熱氣氛，最好拜託同事、親朋好友先上來留言，有帶頭示範的作用。如果你不想一直拜託朋友，至少自己要先留言分享吧。

我看過有太多粉絲專頁貼文，居然連一個按讚、留言、分享的人都沒有，表示連小編自己都沒和自己互動，那怎能幻想會有多少陌生人上來和你互動呢？

九、黃金 30 分鐘

剛發完文章之後的 30 分鐘，是最多人看到你貼文的關鍵時刻。一定要掌握這個時間多多創造互動，讓你的貼文在演算法裡累積高一些的分數，之後會出現在更多人的塗鴨牆上。

所以我都會建議小編在發文之後的 30 分鐘內，最好不要離開塗鴨牆，只要一有人上來留言或分享，小編就要立刻上去和粉絲互動，這樣一來一往的留言，會對貼文「分數」有很好的加乘效果，而且那個粉絲的好友絕對會更有機會看到這則貼文。

以上九個方法，在這裡只是粗略的說明，在實際操作上，還有很多細膩的設計，也需要小編不斷的練習，每次貼文之後也要多多檢討改進，看怎麼寫會有比較多人想分享或回應。

只有你開始思考「如何互動」這件事，最後才有可能會愈來愈進步。

此外，也可以多去觀察一些知名粉絲專頁是如何寫文、如何想哏、如何帶動討論氣氛，每次最好事先用心規劃圖片、文案之後才發出，在貼文之前多換位思考一下：如果我看到自己的貼文會想互動嗎？而不是想到什麼就寫什麼，或只是隨手貼一個活動或商品連結，那最後貼文互動的成效高低當然也只能聽天由命而已。如果每次發文都沒人互動、沒有人看到，當然也不會有什麼成效，還不如就不用浪費時間去經營了。

FB 廣告投放真的還有用嗎？

你對網路廣告的誤解

我有很多朋友或學生，不知為何都對「買廣告」這件事感到有一些潔癖，好像這是一種「作弊」行為，對於那些不用買廣告就達成行銷目標的成功案例總是心生嚮往，希望自己的產品或活動都能發揮「病毒式行銷」，靠著口耳相傳就被很多人知道。

其實這是一種隱藏的偏見，買廣告本來就是一件很合理又聰明的行銷手段，因為誤解就不去善用，實在是太可惜的事。

關於買廣告，還有一種不切實際的幻想——每個人都希望可以花一塊錢，就達到十塊錢的成效。這是一種過於美好的願望，要達成比想像中困難太多，通常要天時地利人和才有辦法做到，一般來說，花一塊錢能得到兩塊錢、三塊錢的收益，已經是很不錯的事了。

最後一個關於廣告的謬誤，就是覺得它是萬靈丹，不論產品再爛、活動再困難，只要廣告催下去就一定立刻會有成效，如果買了廣告卻沒有效，一定是「買廣告的人或公司」有問題。反正千錯萬錯，絕對不是自己的錯。

所以簡單說，買廣告是一個很重要但又不應該抱著太高期望的行銷手段，至少不應該是唯一或最後的手段。

台灣的網路廣告投放管道，以 FB 為例

台灣可以投放廣告的管道非常多，主要還是看你的目的和目標為何，才決定要在哪裡投放，主要包括 FB、IG、Google Ads 關鍵字廣告、Line、手機行動廣告等等，不同平台有不同的投放方式，有的要透過代理商，有的可以自己用信用卡購買；有的有最少預算限制，有的則是幾百元也可以購買。我無法在一篇文章裡詳述所有廣告購買的要點，以下就以 FB 為例，大概分享幾個一般人在購買廣告時應該注意的基本常識。

相信有不少人都買過 FB 廣告，這算是進入門檻最低的一種廣告了，但 FB 廣告屬於「易學難精」的工具，因為每個人

只要花一點點錢就可以買，所以很多人都嘗試過，但一下子沒看到成效就放棄了，然後又把它貶到一文不值。

其實，FB 身為台灣使用者第二多的平台，每天的瀏覽量這麼高，是不可能完全沒效的，你難道不曾在 FB 塗鴨牆上看到什麼吸引人的一頁式廣告或募資廣告影片，就忍不住點了進去觀看嗎？

如果你也曾經點擊過任何 FB 廣告，不論是否真的下單，就代表它是有一定效果的，只是看購買者懂不懂得操作而已。

在 FB 上投放廣告，有非常多要注意的細節，包括行銷目標設定、受眾篩選、素材準備、投遞時間點、目的地網頁設定、成效追蹤修正等等，每一項都必須用心好好思考及準備。

FB 廣告首重目標設定

這是絕大部份剛開始購買 FB 廣告的人最容易出錯的地方。很多人是看到粉絲專頁貼文下方的「加強推廣推文」才開始第一次購買廣告，但卻沒注意到那個廣告，只能幫助你的貼文讓更多人看見（增加觸及數）。

看到貼文不代表會和你互動，更不代表會連到你的商城下單購買，也不會讓你的粉絲專頁按讚數變多！

要達到上述目標，有時買單一則貼文的觸及不見得做得到。應該說，FB 把每個粉絲都透過大數據暗地裡貼上很多標籤，如果一開始買廣告的目標沒有設定準確，就有可能會讓廣告出現在不對的人的塗鴨牆上，結果曝光變多了，最後卻沒有轉換成效，就會覺得是白花錢了。

所以儘量不要從每則貼文下方的「加強推廣貼文」去購買廣告，而是直接從右上角進入「廣告管理員」開啟你的廣告設定：

它第一步就是請你清楚設定「精準的目標」，然後按照這個目標選擇，把廣告投放給符合這個目標設定的族群。

FB 廣告購買中最重要的『受眾篩選』

受眾篩選可以透過地區、性別、年齡、興趣、互動習慣等等去仔細比對出你廣告想投放的對象。許多人遇到比較大的問題是：「我其實也不曉得究竟誰才會對我的內容有興趣、會下單？」

於是，除了「聯想力」之外，比較穩妥的做法其實是把廣告預算儘量用不同受眾來做拆分，同樣內容用少量預算在幾個不同的廣告組合來投放看看，測試哪種受眾的轉換率最好，就增加預算，成效不好，就減少預算或不投放。

當然，如果你很清楚知道就是想要把廣告投放給那種人，可以不用做這種測試，只能用其他方法來調整廣告的費用了。

受眾篩選的眉角還非常多，包括「還能上傳自己的名單」、「選擇類似的粉絲專頁之粉絲來投放」、「透過自己管理的其他專頁來找到廣告投放對象」等等，這裡就不一一細說，一般來說，有經驗、有同時在經營多粉絲專頁的投手，都可以利用受眾篩選功能得到比較多的優勢。

FB 廣告素材的設計

如果是針對貼文的曝光互動，那關鍵點是文章本身是否有足夠的亮點。要注意不能違反 FB 廣告的相關規定，例如涉及醫療、不法、誘餌式貼文等，甚至圖片中的文字比例都不能超過 20% 以上。

如果是針對導引到外站或增加粉絲的廣告，就要看廣告內容的設計是否夠用心吸睛了。一般來說，現在使用短影片來做廣告素材成效是還不錯的，但如果投放一陣子之後發覺效果愈來愈差，也要立刻更換素材，千萬不要一招用到老。

FB 廣告投遞的時間點

投遞時間牽涉得比較細緻一些，包括廣告的周期長度、是否遇到特殊節日或寒暑假、每天廣告曝光的時間點，都會影響到廣告成效及費用。

原則上，只要遇到重要的大節日，如聖誕節、過年，因為投廣告的競爭者變多，廣告費用會堆高不少，一定要儘量錯開這些檔期，才能夠有效節省預算。

外連廣告的目標網頁設定

我看過很多純粹浪費錢的無效廣告，連買廣告的人都沒發現這個廣告點過去的網頁是打不開的，當然也有可能是因為瞬間流量太高把網站塞爆了，但不論如何，在買廣告之前，再三檢視連過去的目標頁是否容易用手機瀏覽、下單或留資料是最基本的工作。

除此之外，在目標網站上事先埋妥 FB 廣告像素，以便追蹤成效，甚至讓產品或品牌繼續出現在網友的 FB 塗鴨牆上，達到 Retargeting 再行銷的目的，也是想利用 FB 導購最重要且必須事先準備好的工作。

FB 廣告成效的追蹤與即時修正

沒有人第一次買廣告就成功，再厲害的廣告投手，都需要透過不斷測試和修正，才能讓廣告成效愈來愈好。

要有心理準備，任何廣告一開始都有調適期，先用部份預算去找到精準的廣告受眾、比較有效的廣告素材、對的廣告出現時機，後面再按照結果慢慢檢討改進，效果才會愈來愈好。

以上很粗略的說明了 FB 廣告投放要注意的幾個關鍵點，其實不只適用於 FB，應該也適用於大部份的廣告投放，只是各平台的操作界面不大一樣，但心法都大同小異。

前一陣子看到某位團購大老發文批評 FB 廣告成效差到谷底，勸大家最好不要再使用，我相信他應該說出不少老闆的心聲。的確，FB 廣告的紅利期早就過去了，現在不再是那種投一元賺十元的時代，但我覺得它仍然是台灣重要的廣告曝光平台之一，因為每天使用的人流還是非常多。只不過不能再像從前一樣，同個廣告素材用好幾年，或是隨便篩選目標受眾都會中。現在必須花更多心力去觀察結果、調整策略，這項工作最好是有專人負責，才能夠不斷累積經驗，找到更有效的方法。

最後，也再次奉勸大家不要「完全依賴」FB 廣告這個工具，畢竟這個平台的主控權不在我們自己，出了什麼問題在台灣也不容易找到人解決。最好的方式還是應該多管齊下，如同我之前說的，也可以利用 Line 或官網建立自己和會員粉絲溝通的管道，以免有天萬一突然不能再買 FB 廣告時，你的業績就會立刻跌到谷底，再也爬不起來，而且也求助無門了。

如何製作 Facebook 社群吸睛圖片？

除了互動，還有用戶停留訊息的時間

眾所周知，在 FB 演算法中，想要貼文分數高被更多人看到（自然觸及），最重要的指標就是「互動情況」，但現在不愛互動的「潛水族」愈來愈多，FB 要怎麼知道你對什麼內容感興趣呢？

所以 FB 這幾年又增加了一個很有意思的指標叫做「停留時間」，也就是假如你在瀏覽塗鴨牆時平均每個訊息都只停留 1 ～ 2 秒，但在某些訊息的停留時間卻超過好幾秒，即使你沒有和那些訊息互動，FB 也會認為你應該對那種類型的訊息有興趣，或是對那個發文的人或粉絲專頁有興趣，以後這種訊息就會出現更頻繁。

（可以在瀏覽器網址列輸入「https://www.facebook.com/seen」，會出現 FB 認為你真正有「看過」的貼文有哪些。）

換成小編的角度來說，如果你可以讓別人在滑塗鴨牆時，看到你貼文停留的時間比較長，那你也可以算是某種程度的成功了。

所以，大家可以再進一步發想一下，究竟怎樣的內容大家才會停留比較久呢？

依據我的經驗，會影響大家停留時間長短最重要的因素，有時反而不是文字內容，而是和伴隨文章附上的圖片有著莫大的關聯，所以想要增加貼文被看到的機會，絕對要好好花時間來設計一張吸睛的圖片。

接下來就來和大家討論一下社群媒體上圖片設計的重點是什麼。

社群圖片應該具備的創意要素

或許有人會說，圖片設計不是「美編」的事嗎？讓他們去想就好！大錯特錯，美術設計人員的責任其實只是把小編發想的內容製作出來，一般來說他們不應該負責發想和創意，當然，很多公司分工沒那麼多元，可能一個行銷人員又要想內容、又要做美編，甚至還要負責商品上架和出貨，校長兼撞鐘幾乎是十項全能，那就沒辦法了，全都是你一個人的事。

我覺得在社群平台上，所謂的好圖，應該至少要有以下一個優點，或是換句話說，可以思考朝以下的方向來設計：

- 照片本身很美麗，但最好不只有一張，可以一次貼出四、五張以上，同時也可增加點擊數。
- 圖片很搞笑，讓大家看了不由自主發出會心一笑。
- 圖片很有創意，讓大家看了會忍不住想和親朋好友分享。
- 圖片有搭到最近時事話題或節慶相關的元素。
- 圖片上有讓人忍不住多看幾眼的元素，如美女、帥哥、名人、可愛寵物等等。
- 利用圖片舉辦一些小活動，例如圖片就是心理測驗，或是上面有個動腦謎題之類的。
- 故意製作的長輩圖，讓長輩們可以下載轉發使用。
- 故意用手寫或手繪風格製作少見的樸素感。
- 用一些沒有版權的歷史文物照片、美術作品照片，重新製作成有哏的內容。
- 用很多張相片刻意拼湊成組圖，在塗鴨牆上呈現特殊的意義。
- 做成內容非常實用的圖表、資訊圖，大家覺得不和朋友分享不行。
- 一系列懶人包式的圖片，讓大家會忍不住一直點到最後一張。

可能還有很多其他的圖片設計創意，這裡只是列舉一些我暫時想到的方向。

社群圖片、商品圖片的不同

大家有沒有發現，以上我列出的好圖類型中，幾乎完全沒有提到任何一項「和商品」相關？因為如果是商品相關的圖片，又想同時達到吸睛效果實在不容易，通常只能吸引到真正對那個商品有興趣的人佇足，沒興趣的人一看到商品圖通常都只會快速滑過而已。

又除非這項商品上有一個低到不行的價格，才能吸引大家多看兩眼，甚至點擊下去，進入你們的購物商城，這也是很多一頁式網站詐騙廣告的常用手法。

也因此，對小編來說，這是一件非常難以兩全其美的事，要圖片有吸睛、轉分享的效果，又要圖片同時有導購的效果，根本是天方夜譚，如果只能選擇其一的話，我個人覺得當然還是有社群效果的圖片會更好一些，至少讓粉絲專頁的能見度高一些，先把人吸引過來再說。

不過站在老闆的角度當然希望兩全其美，最後在這裡分享一個小技巧，就是如果可以把「商品訊息」置入在「實用訊息」裡，就比較不會引人反感了。

我舉幾個例子，假如我是一個賣服飾的商城，如果直接把春季新款服裝照片秀出來，感覺就很商業，但如果是換個方式來包裝，小編多用心一點，製作一個「最新日本時尚穿搭技巧分享」特輯，然後找來模特兒拍照，穿的當然是你們家的新品服飾，只是用「時尚潮流的名義」來重新包裝，看起來就比較像是實用資訊，更容易引人注目或分享。

再譬如說，如果我今天要賣的是料理包，與其正經八百的把料理包外觀照片＋價格分享出來，還不如找來厲害的廚師，和大家分享「小資族如何快速製作美味料理的食譜或做法」，當然，素材還是你們家的料理包，只是站在觀看者角度，換個他們可能會更有興趣的方式來包裝商品資訊而已。

以上的這些發想方向，其實不僅適用於圖片，如果想做影片的話也可以參考一下。只不過在 FB 塗鴨牆快速滑動的習慣下，有時圖片會比影片更好用，而且小編在製作上的時間、人力成本也會更低一些喔！

持續經營網站內容做好 SEO

企業經營內容網站的主要目的：被找到

本書開頭就提過擁有一個網站的重要性，在這裡來聊聊該如何經營好一個網站？這也是許多公司很容易忽略的一環，卻是最基本的工作。

網站有很多種型態，佔 90% 的公司網站都是以說明性的內容為主，9% 可能是商城交易型的網站，剩下 1% 才是其他像媒合、論壇之類讓會員互動的網站。不論是說明性或是商城的網站，經營時最重要的第一個目的，就是「希望被找到」。

很多人都以為網站架設好之後，就馬上可以被找到了，殊不知這是個天大的誤會。

我們先說說網站為什麼會被找到。用一個比較淺顯易懂的說明方式，不論是任何搜尋引擎，為了豐富完善它龐大的資料庫，會派出很多的「搜尋機器人」在外面到處晃，不斷把抓到的各式各樣內容搜集進資料庫裡，這些搜尋機器人從一個網站跑到另一個網站的橋樑，就是依靠這些網站上的「超連結」。

如果你的網站剛成立，就像大海上的孤島一般，如果沒有任何人知道，沒有任何網站有放超連結連到你的網站，那搜尋機器人沒有橋樑跑過去扒資料，當然在搜尋引擎裡也不會被找到了。

如何讓網站被搜尋引擎找到？

早期我們做好網站之後，最重要的第一步是到搜尋引擎上去主動登錄，就像是去黃頁上註冊一樣。現在的登錄方法比以前更複雜一點，最好是使用一個「管理員工具（Google Search Console）」做認證，一方面宣示網站的主權，另一方面也順便告知 Google 有個新網站成立，還可以主動提交「網站地圖（Site Map）」，邀請搜尋機器人過來按目錄扒完整資料。

其實你不做這個登錄，假以時日，你的網站還是有可能被找到，只是與其傻傻的等，還不如化被動為主動，愈早登錄，愈可以早點開始進行搜尋引擎優化（SEO）的工作。

沒錯，網站成立之後，不單是希望搜尋你的「公司名稱」時被找到，更重要的是希望網友搜尋「重要關鍵字」時也可以被找到。

而且是在不買關鍵字廣告的情況下，搜尋結果可以排名在愈前面愈好，這也就是俗稱的「搜尋引擎優化（SEO）」。關於 SEO，可以做的事實在太多，絕非三言兩語就可以說完，今天我只提幾個最關鍵要注意的重點就好。

讓網站在重要關鍵字搜尋時被找到

要做好 SEO，首先最重要的一點是「搞清楚你們公司的重要關鍵字」是什麼？

有了這個基礎，後面才談得上內容經營。什麼是「重要關鍵字」呢？就是你覺得大家會搜尋什麼字來找到你們公司的產品或服務。

舉例來說，如果你們在花蓮開一間民宿，最多人搜尋的重要關鍵字可能會是「花蓮民宿」這四個字，不會是「花蓮」，也不會是「民宿」，這兩者的範圍都太廣了。但隨便猜也知道，全台灣用「花蓮民宿」這四個字來做行銷的網站說不定有好幾千個，如果你是一個新成立的網站，要讓大家在搜尋這個字時排在第一頁，那真是太困難的一件事。

於是，如果可以再多發想幾組重要關鍵字，或許是剛好很多人搜尋，但競爭者又不太多的字詞，那就是你的機會點了。

簡單說，重要關鍵字最好具備兩大特性：

- 搜尋量大
- 競爭者少

要怎麼知道有哪些字符合以上兩種特性呢？這時除了可以多做一點市調，發揮想像力之外，也可以使用一些工具。像 Google ADs 為了方便你估算關鍵字廣告預算，本身就有提供關鍵字搜尋量查詢的服務，雖然不會告訴你一個精準數字，但可以大概看一下搜尋量是高或低。

如果你想知道更精準的比較數字，很推薦你使用台灣知名 SEO 公司「阿物國際」提供的「天下無狗」工具，註冊後有免費 14 天試用，超級無敵好用，可以同時輸入四組關鍵字做查詢比較，透過查詢結果中的「SEO 推薦值」，可以很輕鬆找到符合我上面說的「搜尋量大＋競爭者少」的關鍵字。

當然，你不會只鎖定一組關鍵字做經營，至少要找出 5 ～

10組關鍵字，按照重要性依序排好，接下來就是努力的在你的網站文章中放入這些關鍵字，讓前面說的搜尋機器人把文章扒回資料庫時，因為包含了這些字彙，所以未來網路上有人搜尋到這些字時，你們的網站就會跑出來了。

產出包含關鍵字的內容

原理很簡單，做起來可不容易，因為對很多人來說，光是要「寫文章」就一個頭兩個大了。而且，在網站內安排關鍵字時，還有以下幾個重點：

一、文字比圖片重要，內容愈多愈好

很多公司為了版型編排美觀，會把內容說明做成一大張圖片，文字全都在那張美美的圖片上，基本上，這樣的內容是比較不容易被分析找到的。

也不是說Google怎麼這麼笨，連圖片裡的文字都無法辨識，但這樣做無論如何也不會比單純文字更快被搜錄。文字愈多愈豐富，讓搜尋機器人有很多好內容可以扒回去，這絕對是做好SEO最重要的第一步。

二、自然佈局

SEO 其實帶著有一絲絲作弊的味道，希望能想方設法加快加大搜尋引擎找到我們的網站，但是站在搜尋引擎的角度，就是希望你不要作弊。

所以我們要做 SEO，最好能做的天衣無縫，讓搜尋引擎看不出來。試想一下，在正常情況下，你的網站一頁會出現多少重要關鍵字？每組字會重複出現幾次？一天會出現幾篇文章？我們都應該有一定的佈局和節奏，不要出現太多不合理的情況，才不會被搜尋引擎視為作弊，反而調降了搜尋權重，就得不償失了。

三、持續更新

絕大部份網站都是失敗在這一點。很多公司網站做好之後，上面都是千年不變的公司或產品簡介，久久才更新一次。

搜尋引擎也希望提供給網友最新、最好的內容，所以如果你的網站很久沒更新，但其他競爭對手的網站一直有新內容，搜尋引擎當然會優先把新的好內容，排在搜尋結果比較前面的位置。

所以，一定要養成經常更新網站的習慣，而且記得不是無意義的更新，是和目標重要關鍵字有關的內容經常更新，才會對搜尋排名有具體成效。

四、方便手機瀏覽

現在網站做成 RWD（響應式網站設計）已經是最基本的工作了，但每個頁面編排好不好，是不是真的方便在手機上瀏覽內容，甚至進行詢問、交易，還是要多多注意的一件事。

自己可以假裝是客戶，多拿手機瀏覽看看自己網站上每一頁。有良好的使用體驗，也會對搜尋排名權重有非常大的影響。

讓自己的網站被其他網站提到

除了上述透過網站內容可以自己做的重要關鍵字經營之外，要做好 SEO，還有一個重點，就是你們在網路上「被提到」的次數多寡。

什麼是被提到呢？當然不只是有人說到你們網站名稱，而是有人提到了重要關鍵字，而且放了你們家的「網址」讓人連到你們網站，也就是俗稱的「反向連結」。

多找一些部落客來試吃、試用、試玩、試住，回去撰文幫你製作反向連結，這還是一個很有效的方法，但前提是你要找到部落客（現在愈來愈不好找了）。

當然，更好的方法就是如果你可以創造出好的口碑，或是你的網站上有好內容，讓大家會自動自發想要引用分享，就更厲害了。舉例來說，你在花蓮開民宿，如果在你的官網上寫了一篇「花蓮最新十大旅遊景點 DIY 攻略」之類的文章，說不定就很多人會想要引用，也有可能這篇文章被搜錄進搜尋引擎之後，因為搜尋結果讓很多人點進你的網站，透過點擊數和每日瀏覽數增加，你官網的自然排序也就會逐日提昇了。

以上，只有稍微提到 SEO 的皮毛，這是一個要花很多腦力和勞力，必須持續經營的工作，但也是一個網站成立之後最基本最重要的工作，尤其如果你們是做 B2B 的服務，主要客戶就是透過搜尋來的，更要好好把 SEO 做好。

未來，除了要經營各個社群平台之外，也別忘了回來重新好好檢視一下官網，看看還有什麼可以改進的地方吧～

經營好一個影音頻道 而不是上傳影片廣告

影音平台也是顧客找到你的搜尋管道

做影音多媒體這件事有多重要，應該已經不用我說太多了。台灣現在年輕的一代，出生就有 Youtube，對他們來說，Youtube 頻道應該比 Google 重要多了，它不僅是一個休閒娛樂的管道，也是他們查找資料的來源，Youtube 早就是全世界第二大的搜尋引擎，也因此，不論任何人、各行各業：

如果你希望被找到，除了該有一個網站之外，絕對也應該在 Youtube 上留下一些好內容才是。

對 FB 來說，他們目前最大的危機，其實也是在影音這塊。沒錯，FB 上也有很多影片，但大家有沒有發現，我們在 FB 上看影片的時間多半不超過 5 分鐘（除非是有誘因的直播），甚至很多時候不超過 3 分鐘，那是因為我們大部份都是用手機在「滑」FB 塗鴨牆，這種不斷捲動時間軸的瀏覽方式，比較少在一則訊息上停留太久，有時還要靠FB「自動播放」跑出前幾秒內容真的很吸引人，才會停下滑動把整部影片看完。

相較之下，當我們打開 Youtube 時，多半心理有準備就是來看影片的，所以點開影片之後，會有耐心看稍微久一點點才跳離開，也因此，Youtube 上的影片時間長度通常都比 FB 來的更長，平均在 5 ～ 15 分鐘之間，當然，做長影片對創作者來說有一部份原因是和廣告分潤有關，但看 Youtube 觀眾的時間忍受度較長也有很大的關係。

更不用說在 Netflix、愛奇藝之類的影音串流平台上，我們可以坐在沙發上看一整天，甚至連看廣告的喘息時間都沒有。

Facebook 在影音內容上的弱勢

人每天 24 小時是固定的，此消彼長之下，我們花在 FB 上的時間當然就愈來愈少，都只能利用碎片化的時間滑一下，一整天累加在一起恐怕還不到 1 小時，而且我相信絕對是逐年在減少中。

別忘了，我們在影音串流平台上，甚至 Youtube 上很多人都還付了會員費，但在 FB 上完全是免費使用，FB 唯一的收入來源就是廣告費，當大家使用的時間、頻率愈來愈低時，它的廣告收益當然會受到很大的衝擊。所以這幾年來，FB 也有極大的危機感，很努力在擴充自己影音功能，最基本的，就是當你做直播或上傳影片時，在演算法裡會讓你優先曝光，讓你觸及的人數比較多，說穿了，就是鼓勵你多多在 FB 上分享影音內容。（但如果是分享 Youtube 影片連結，在演算法裡就會被降到冰點，因為你是在把人導到外站）

FB 甚至把所有的影片匯集在一個新頁籤「Watch」，讓大家可以一口氣觀看所有按過讚粉絲團的影音內容，企圖讓你可以像 Youtube 一樣影片看完一支接一支，增加停留時間，後來也推出了類似打賞和分潤的功能。

僅管如此，看起來 FB 這些做法對挽救他們的影音頹勢還是很有限，我覺得人對不同平台的使用習慣早已養成，要輕易改變不是那麼容易的事。

還有一個很重要的關鍵點，就是使用 FB 的年齡層很有侷限性，大部份年輕人和老年人是不用 FB 的。年輕人愛用 Youtube、IG 或直播平台，老年人主要是使用 Line 為主。再加上現在電視機上盒或智慧電視上，Youtube 和 Netflix

多半是隨機內建的 APP，所以即使是不常上網的人，也可以透過電視來看串流影片，但你有看過哪個人在電視上看 Facebook 嗎？

在不同平台擴散你的產品影片

上面討論這麼多，只是要和大家說，影音多媒體這件事真的很重要，而且千萬不能太仰賴 FB 這個平台，作品完成之後一定要同時上架到各種不同平台上，包括 Youtube、IG、Podcast，甚至大陸的抖音、優酷、B 站等等。

重點不是在你影片拍的有多好，而是至少有人想搜尋相關內容時可以找到你們公司。

企業經營 YouTube 的困難處

再回來說說影音頻道經營的重要性。我發現在 Youtube 上目前呈現比較兩極化的現象，最紅的那些頻道，大部份還是以 Youtuber 為主，不論是一個人或是一群人共同創作。但你幾乎很難在 Youtube 上看到「企業經營」的 Youtube 頻道有很多訂閱數，除非那間公司本來就是媒體或娛樂產業。這和以前部落格時代有點像，部落客們也全都是「人」，很少有企業的部落格經營得很成功。

為什麼不論大小企業，都知道 Youtube 其實是一個愈來愈重要的行銷平台，但除了買廣告之外，至今還是不曉得如何進入這個世界呢？

如果你現在隨機訪問一家公司老闆，問他網路行銷要做些什麼？ 99% 的人都會和你說要經營 FB 粉絲專頁、買廣告、拍影片，但沒有人知道要怎麼經營一個 Youtube 頻道（更不用說 Podcast 了）。沒錯，這些公司多半在 Youtube 裡也開了一個帳號，但充其量是拿來當做「廣告影片資料庫」，只會把一些做好的廣告 CF 放進去而已，不只是看的人少，更沒有人會想訂閱這種官方頻道。

如果連個人都可以經營好一個頻道，為什麼一間公司反而經營不好呢？這其中最重要的關鍵就是「定位和用心度不同」。

Youtuber 是把 Youtube 當成自媒體頻道在經營，企業卻把 Youtube 當成一個廣告曝光平台在使用。

Youtuber 在意的是自己內容夠不夠好看，大家會不會想訂閱或分享給朋友，企業在意的只有我花了大錢拍的這支影片被播放了幾次？至於頻道內容有沒有一致的調性？每周要不要固定更新？大家有沒有按讚開啟小鈴噹，似乎從來都不是老闆關心的重點。

Youtuber 會站在觀看者的角度去不斷思考，怎樣才能拍出一支大家想看的影片？企業卻總是站在自己的角度思考，我要怎麼把產品透過「影片廣告」呈現出來？

所以企業的 Youtube 頻道總是很難看，更沒有人想要訂閱的原因就在此。還有一個很顯而易見的差別，Youtuber 的頻道通常很有「人味」，企業經營的頻道卻只看到「商品」，甚至找不到一個可以代表企業的「角色人物」，因此無法突顯你們頻道的自媒體性格，更少了親切感與觀看動力。

拍一支影片或許不難，但要經營好一個頻道卻非常的困難，企業必須先要有這樣的認知，才有一絲絲成功的可能性。衷心希望日後會有愈來愈多公司更認真來看待影音頻道經營這件事，從頻道企劃、包裝、人味角色、內容腳本、持續更新這些地方著手，不要太在意短期獲利，想想怎麼把自己公司也變成一個網紅，才是比較正確的方向。

2-13 企業經營 IG 的限制與策略

IG 原本的設計就不是行銷導購用途

IG 對很多商家來說，真是很困難經營的一個平台，甚至比 FB 都還要難許多，為什麼呢？我覺得主要原因是現在老闆或主管層級的人大部份都在 35 歲以上，這些人最熟悉最常使用的還是 FB，並不是 IG，如果連平時打開來使用都少，又怎麼會瞭解要怎麼利用這個平台來做行銷呢？

其實，除了使用界面不熟悉外，IG 的設計本來就不是拿來做行銷導購用的（或許不只 IG，所有社群平台設計的初衷都不是），它在先天上就不是一個商業導購的工具，所以最好一開始不要有錯誤的期待，否則很容易就會受到挫折而想放棄。

為什麼說 IG「先天上不適合用來做商業導購」呢？如果把它拿來和 FB 相比，就會發現很多不一樣的地方。

一、IG 的企業帳號和個人帳號在功能上沒有太大不同，僅僅是多了廣告購買和洞察報告這些小地方，在外觀上幾乎看不出來差異之處，也就是說，IG 希望企業在使用這個平台時，和每個個人的立足點都是差不多的，希望每間企業也比照個人一樣的經營方式就好。

二、IG 的塗鴨牆主要目光焦點都是照片或短影片，照片的說明文案只會出現 1-2 句，完全是很配角的位置，大多數人根本不會點開文字來看，所以如果想對商品做很多的說明往往也是無效的。

三、IG 的貼文或留言回覆中所放的連結是無法點擊的，只能仰賴大家複製貼上，但事實上沒幾個人會這樣做。所以如果想透過一張好照片的傳播，把大家導引到商城去下單，這是相當困難的。（這裡有兩個例外：其一是如果粉絲人數超過 1 萬人，在限時動態裡就可以放連結；其二是某些企業帳號可以在照片裡放上商品連結，點了之後跳出內容，可以再導回官網，但這功能目前並未開放給所有企業帳號使用。）

四、IG 的分享功能不佳，導致擴散不容易。在 FB 的世界裡，分享是最重要的功能，一則有哏的好內容，因為分享數高，可能會在短時間內就觸及成千上萬人，但在 IG 的世界裡，因為沒有「分享到塗鴉牆或其他社團」的功能，只能靠 Hashtag 的巧妙運用，才能提高曝光度，但大家也都會下各式各樣熱門的 Hashtag，所以這種方法的擴散效果可能比鼓勵大家分享還要困難多了。

五、IG 沒有辦法透過廣告增加追蹤者（粉絲）。所以對很多剛開始經營 IG 的商家來說，如果不會拍好看相片，不懂得如何下 Hashtag，就只能靠門市客人掃描加入，或是透過其他社群平台來導引增加 IG 粉絲，通常粉絲都成長很慢。沒有粉絲，貼的內容看到的人少，要做導購當然就看不到效果了。

也因為以上幾個特性，所以一般來說，IG 上的內容真的比較不那麼廣告一點，這也是年輕朋友更愛用 IG 多於 FB 的原因之一（主要原因當然是爸媽不會用）。

對於年輕人來說，善用美顏修圖 APP，自拍好看照片是種從小訓練到大的本能，所以在 IG 上曬美照，又不用多說太多話，真是太符合他們的習性。再加上限動 24 小時後就消失，又有很多可愛互動貼圖功能，既能保有一點隱私，又方便展現自我，更是打中了年輕朋友的甜蜜點。

商家也不能放棄 IG，正確的行銷策略

講了這麼多困難，那商家是不是就乾脆放棄使用 IG 來行銷呢？當然不是，除非你也想放棄年輕人這塊大餅（或你行銷的目標對象本來就不是年輕人），只是提醒你，如果想經營好一個企業 IG 帳號，首先就要認清楚上述的限制，然後使用正確的經營方式，才比較有成功的機會。接下來，就和大家分享幾個我覺得在經營 IG 時可以參考的策略：

一、先想想你們公司有什麼圖像或影像化的內容夠吸引人，而且未來有源源不絕的素材？

這個內容可以是拍出來的、可以是創造出來的，甚至也可以是畫出來的，沒人規定 IG 上放的一定是照片，但重點是要和你們的企業精神有關，而且保證可以持續產出。舉例來說，如果是一間民宿，你們民宿附近景點的四季風情，民宿花園裡的一草一木，民宿院子裡的動物生態，這些都可以是拍攝的素材；如果你是一個商城，手邊有最多的就是商品照，那也要找出好看的照片，如果連你自己看了都不會想按讚的商品廣告照片，那就真的只是廣告而已了。

二、IG 雖然不方便直接導購，但可以透過這個平台和年輕朋友對話，並且呈現人性化的一面。

有時候，光是成立 IG 帳號並且持續經營，就是一種態度的展現 —— 至少我們公司是想接近年輕朋友的。這對於某些老品牌來說更有意義，當別家公司都沒有企業 IG 帳號，只有你們家有，而且還累積了一定的粉絲人數，這個品牌印象在年輕人心中絕對是有加分效果的。

三、拍照片或圖片前先想清楚方向和調性，並且按固定周期產出「一致性」的內容。

大部份商家因為不曉得如何經營 IG，所以都隨手亂拍照片，每張照片的調性、設計、質感都不相同，甚至連固定的 Logo 或浮水印也沒放，粉絲就算偶然間看到某張相片覺得還不錯，當他們點回你的主頁時，看到的卻是一整片雜亂無章沒有特色又不吸引人的照片牆，怎麼會想按下「追蹤」的按鈕？這種沒有規劃，沒有一致性的內容，是很難增加粉絲的。

四、靠網紅加持也是有效增加粉絲的方法

可以多找一些網紅付費合作，如果他們願意在你的地方拍照打卡，他們的粉絲當然也有可能過來追蹤你的商家 IG 帳號。店面裡儘量設計一些網紅容易想打卡的特殊元素，例如鮮花、愛心、漂亮甜點、有氣質的書牆等等，並且使用誘因多

鼓勵年輕人在 IG 拍照上傳打卡，如果慢慢變成口耳相傳的網紅打卡景點之一，就更厲害了。

當然，也有另一種思維，企業自己的 IG 帳號粉絲多寡不重要，直接花錢找一些粉絲人數破萬的網紅做業配增加曝光，也是一種宣傳的方式。

五、大家都知道 IG 的 Hashtag 很重要

因為它有助於讓陌生網友因為關注 Hashtag 而不小心看到你的照片。但一個熱門 Hashtag 標註的人實在太多了，有時照片想被看到實在是件太困難的事，所以如何下 Hashtag 必須要有計畫性，不只放熱門的，也可以同時下一些比較有特色但還沒被太廣泛使用的 Hashtag，或是拜託合作網紅在放照片時順便幫忙炒作一些和你們相關的 Hashtag，而且帶出特色。

例如「信義區第一名甜點名店」、「此生不喝必後悔的奶茶」之類的，藉以幫你們的品牌形象加分。

以上是企業在經營 IG 時可以思考的幾個策略方向。其實，我發現這一兩年來，IG 上的內容愈來愈多元化，有很多帳號不再是以美女、帥哥照片取勝，反而是做一些知識性圖表、有哏好笑的圖片，照樣也吸引大批粉絲。我覺得這是開啟企

業 IG 帳號很好的時機，只要找到自己的風格特色，持之以恆的經營，說不定反而在一片美食、美景、美女的照片流裡更加吸引大家的關注喔。

 一頁式網站的神奇魔力

臉書上常出現的詐騙廣告

來聊一個有趣的行銷導購工具，叫做「一頁式購物網站」。

不知從何時開始，臉書上出現了很多產品詐騙廣告，先用聳動的標動吸引你點進去，點過去之後會到一個獨立的商品購買頁面，整頁只有賣那一個商品，通常這個商品頁會很長，但解說非常詳盡，彷彿購物專家站在面前推銷一般，讓你從最上面捲到最下方不斷地洗腦，看到最後就忍不住下單了。

為什麼說是詐騙廣告？因為裡頭大部份的產品都言過其實，看起來好像非常神奇，等收到貨時才發現根本一文不值，甚至你只要把產品名稱或功能特性丟到淘寶或蝦皮上查一下，就發現早就有同樣的東西，而且價格超便宜。

這種一頁式的詐騙網站還有個特色，通常都是用貨到付款方式結帳，而且不用登錄會員。正常人會想，貨到付款應該很

安全，拿到東西才付錢，但一般人拿到貨時，並不會當著送貨人的面把東西拆開驗貨，就算拆開來了，乍看之下產品好像外觀沒錯，也就付錢了，不大可能拒絕付錢給送貨員。通常都是進門後再把東西拿出來仔細使用或研究時，才發現自己被騙了，錢當然也追不回來了。

如果要仔細去查那個網站所屬的公司，一般都是虛構的查無此址，電話當然也是假的，更不可能會有什麼退貨機制。除了報警之外，唯一可以小小反擊的方式，就是如果再看到同樣產品的臉書廣告出現時，在那則廣告留下警告及抱怨文字，但那個留言沒多久就被管理員隱藏了，或是管理員發現該則廣告累積了太多抱怨就重發一支廣告就好。（如果看到商品下有好的回饋留言通常也是樁腳做假，壞的留言管理員可以隱藏，但心情符號是無法隱藏的，所以一般看到類似商品廣告只要去看心情選項裡是不是有「怒」的表情，就知道產品是不是騙人的了。）

所以大家看到這種很吸引人的商品廣告時，千萬要忍住衝動、多想幾秒鐘，就比較不會被騙。不過我要聊的並不是詐騙行為，而是這種「一頁式網站」的神奇催眠效果。撇開詐騙廣告不談，這種一頁式網站其實在導購上還真的挺有效果的，也是現在愈來愈流行的商品販售方式，頗值得借鏡一番。

正向使用一頁式網站導購

經營過商城網站或在網路上賣過東西的人，應該都曉得「編輯商品頁面」的痛苦。一般在後台都是空白的一頁，等著你去把它填滿，這時腦袋通常也是一片空白，不曉得該放什麼內容好？最好是該商品供應商公司自己有官網，可以把上面的內容原封不動的拷貝貼過來，就完成商品介紹了，但這樣偷懶的結果就是每個不同商城同一件商品的說明頁都一模一樣，你的商城會很沒特色，網友最後當然也只能憑價格來決定在哪裡購買。

其實這一個商品說明頁非常非常重要，如果沒有用心編輯，就不會有訂單產生，就像店面沒有裝潢，產品前方沒有說明文案，只是把東西擺上去，怎會有人買單？但一個購物網站商品少說也好幾百樣，有的甚至上千上萬種商品，每個商品頁都要花時間編輯，那實在是個很大的工程，最後通常商品編輯同仁也只能胡亂把內容塞進去，商城就上線開賣了。等到經營一段時間發現網站徒有流量卻沒訂單，還不曉得可能是在最重要的部份花了太少的力氣。

以下根據我的經驗，稍微說明一下商品說明頁應該要有的內容：

- 產品規格描述
- 產品精彩相片
- 產品故事背景
- 產品使用情境
- 產品宣傳影片
- 產品口碑見證

這些內容應該不用我再多做解釋，大家去參考那些詐騙的一頁式網站就知道，以上每項絕對都一樣不缺，而且內容超級豐富、照片拍的精美有質感、介紹影片可能好幾支、還找了一大堆的 KOL 來做口碑見證。

更厲害一點的網站，還會在商品頁下方做個留言版，上頭都是買過人的好評回饋，和商品頁裡的網紅見證效果又不一樣，看起來更有可信度，更會勾引人想購買的慾望，但這些好評其實大部份都是人頭帳戶或樁腳。

商品說明頁還有一個很重要的重點，就是如果內容可以多用「文字」而非「圖片」，對搜尋優化比較會有幫助，但這也是很困難的一段。

如果只是單獨把文字放進去沒有編排，通常頁面會變很醜，但如果是把文字放在圖片裡，就像產品型錄一樣，看起來會好看許多，也省掉再編排的麻煩，但因為「搜尋機器人」在圖片中撈不到太多文字內容，所以會不利 SEO。最理想的方法，就是要用文字＋圖片的方法請美編重新編排頁面，最後才會呈現又好看又有助於搜尋的畫面，但這樣製作每一頁都要花費很多的功夫（和費用）。

用文字重新編排而非塞入一張一張的型錄圖片還有一個好處，就是當大家用手機瀏覽頁面時，速度會快很多，不用等太久時間頁面才跑完，當然也有助於搜尋或成交。

一頁式網站的導購效果

大家要知道，網友在逛商城時，因為沒有店員一直在旁邊碎碎唸說明＋遊說，所以比起逛真實店面容易跳離開，也因此要花更多的力氣去製作每個商品頁，才能增加成交的機率。一頁式網站之所以容易製作，最主要的原因是老闆一次只賣一樣商品，所以他可以花很大的力氣去把這一頁做好。

網友連進來時也看不到其他讓他分心的商品，只能選擇要買或不買，有時在猶豫不決時，會擔心把這一頁關起來之後，會不會再也找不到了？（因為剛剛是從廣告點進來的），所以會比逛商城時停留的時間更久一些。

再加上有操作 FB 廣告經驗的廠商，會針對點進商城頁面的人反覆投放廣告（並且排除已下單成功的客戶），你看第一次商品頁時還在猶豫，等第二次、第三次又點進去反覆瀏覽頁面影片時，離最後成交就不遠了。

所以不妨好好參考這些一頁式詐騙網站的內容編排方式，把你商城的每個商品頁好好完善一番，雖然累但一定會有幫助。倘若你現在還沒有商城，要賣的產品又很單一，也不妨可以參考這種方式，先用一頁式網站來販售看看，如果賣得動的話，也不一定非得要架設一個大商城不可。

至於要怎麼架設一頁式網站，現在有一些公司已經提供專門的模組讓你產生自己的一頁式網站，連金流都幫你串好了，可以 Google 看看。如果想自己架站，不放在別人的平台上，也可以使用 Wordpress 之類的架站軟體，搭配購物車模組來建立頁面（可能要找架站公司協助），只是要先申請好金流才能製作，前期準備工作稍微多一些。

唯一要擔心的，就是現在臉書上很多人看到一頁式購買網站會有點擔心詐騙問題（尤其是使用貨到付款），所以最好先在頁面上多放一些可靠的聯絡方式，或是有知名人士的背書加持，可信度會比較高一些。

懶人包、資訊圖表的重要性與技巧

整理資訊其實就容易被分享

這是一個速成的年代，大家愈來愈沒耐心，很多東西都希望可以縮短吸收瞭解的過程，直接得到結果。看完一本書可能要花一整天時間，但有人看完把重點整理出來，你只要花 10 分鐘就瞭解了。看完一部電影要花 2 小時，聽 Youtuber 講述電影情節只要花 3 分鐘就搞定了，而且說不定還可以把一部原本平淡無奇的電影講得風生水起。

沒耐心的一個主要原因是沒時間，例如鬼滅之刃看完 26 集動畫，再加上漫畫、電影，就算不眠不休也得花好幾天時間，但只要看 Youtube 上的劇情解析，就可以在 10 分鐘內瞭解全部的內容概要，然後就可以跟得上同事、朋友、臉書上的話題，甚至可以隨口接幾句話，知道那個某某某是做什麼的，表示自己也很跟得上潮流。

所以我發現這年頭只要能幫人篩選、歸納、整理出重點摘要，都非常受歡迎，這也是如果自己沒太多想法，卻可以利用原創再變出有價值內容的好方法。

YouTube 影片的懶人包技巧

我們先來聊聊一般在 Youtube 上的幾種表現型態：

一、濃縮法：

在 Youtube 上最常見的就是這種，例如「幾分鐘帶你看完 XX 電影、影集、韓劇、一本書」，比較像是做「摘要」的方式。說起來容易，其實做起來不容易，因為你自己必須先花時間把內容全都看完，甚至看不只一次，真正看懂了才有辦法做出一支精華影片。

最好除了內容摘要外，也可以加入一些自己的觀點，才能更增加網友的黏著度。

我還看過很多頻道專門介紹一些很久以前不為人知的電影，搭配上聳動吸引人的標題，以及誇張搞笑的旁白，讓你在 10 分鐘內就看完一個有趣的故事，算是冷飯熱炒、資源回收的最佳方法。

二、綜合比較法：

還有一種型態，不是摘要，而是彙整。先設定好一個主題，然後把相關或同類型的所有內容，全都集中在一起做比較分析。

這種的難度就更高了，因為要看、要記、要理解的東西更多，而且多半還要加入一些批判觀點才更好看，所以通常都還是集中在自己最擅長的領域，例如專心只講電影或只評論小說，很難每天變換主題。

大家不要看「老高與小茉」裡的老高好像什麼都能講，其實最難的是鏡頭後的資料蒐集整理功夫，最早可能真的是他自己一個人在做，但等他紅到一定程度時，背後可能就有一個團隊在協助他做這些工作，他只是最後負責把內容用他的口吻說出來而已。

三、排名法：

針對一個主題，列出自己精選出來的相關內容，甚至加以排名，也是常見的一種型態。例如「20XX年10大爛片」、「20XX年不可錯過的10部韓劇」、「20XX年最讓人期待的 10 款 Switch 遊戲」等等。這裡有個關鍵就是，你千萬要記得在標題上出現「數字」，才會有吸引目光的神奇效果。

每個人都想看看你的評比和我的是否相同，只要一勾起大家的好奇心，就會想點開來看看了。

四、延伸補充法：

只要是現在最夯的影視作品，你都可以針對戲裡沒提到的部份任意擴充。幕後彩蛋、花絮、人物解析、劇情分析，甚至男女主角的深入介紹、小道消息，都鐵定可以穩穩賺到一波流量。

這個有時比前面說的「濃縮法」更簡單，你甚至不用把整部戲都看完，只要有一點 Google 或百度能力，搭配上一些畫面，就可以成功達到蹭熱度的效果。

以上說的主要是在Youtube上常見的歸納整理型影音內容，其實在Facebook、IG或Line上也有不少類似的內容呈現，我們一般把它稱之為「懶人包」或是「實用資訊圖表」。

什麼是懶人包？如何製作？

什麼是懶人包，顧名思議就是給「懶人」看的說明內容。

早期懶人包大部份都出現在 BBS 或討論區之類的地方，會有人把最近很熱的話題或新聞事件的來龍去脈全都整理在一篇文章裡，內容包括背景介紹、事件源起、發生經過、人物介紹、新聞報導、相關連結等等，讓你只要看了這篇就秒懂，不需要再去東查西找各種資料。

也因此只要冠上懶人包的文章，一般「被引用」的機率都很高，只要有人一問相關話題，就會有人直接貼出懶人包連結。而且懶人包通常也會不斷更新，內容會愈來愈長，最後連不懶的人都懶得看完了。

這幾年在臉書世界裡，因為某些小編及老師的引領，出現一種新型態的「懶人包」，是用簡報或圖片的方法來做解釋。內容和前面說的懶人包有點像，但一頁（一張圖片）只說一個重點，搭配相關的示意圖片，讓你循序漸進看完全部的簡報（圖片）之後，就可以瞭解來龍去脈。

這種懶人包製作起來比一篇文章更加費時費力一點，但只要做的還可以，通常也會有很高的「被分享」擴散效果。

這種懶人包在製作時有幾個重點：

一、鎖定最夯時事話題
二、每頁圖片及版型風格固定且單純
三、每頁文字愈少愈好，字不能太小
四、全部頁數最好控制在 10 ～ 15 頁內
五、內容最好可以加上自己獨到觀點
六、可以一步一步一頁一頁像說故事一樣吸引人看下去
七、開頭就鼓勵大家分享引用

製作懶人包是一種需要練習的技能，如果你對於一個新聞或事件沒有歸納整理分析的能力，就很難做出一個清楚的懶人包；相同地，你也可以藉由製作懶人包，來培養自己歸納分析的能力。

一開始，版型美醜不是重點，可以先用文字整理，然後試者做出第一版內容，再聽聽朋友的意見做調整修改，就會愈做愈好了。

什麼是資訊圖表？如何製作？

除了懶人包，社群上還有一種類似的內容呈現方式，叫做「資

訊圖表」。相較於一般都有很多頁的懶人包，資訊圖表通常只有「一張圖片或一個表格」，最好讓大家用一張圖片就看懂你所有要表達的重點。可想而知，要做出一個真正很棒、很實用的資訊圖表，有時是比懶人包還要困難的。

一開始，還是可以先鎖定在自己擅長的領域，試著在一張圖片上放上你想表達的內容，但也不是塞得愈滿愈好，而是儘量簡單清楚又好看。

例如你是民宿業者，就可以做一張圖來說明附近知名的旅遊景點；如果你是手機通訊行，可以做一張各種不同品牌的手機性價比，或是 iPhone12 搭配各家電信公司的資費方案比較表之類的。

資訊圖表在製作時也有幾個要注意的小地方：

一、一樣要鎖定最夯時事話題
二、內容準確度很重要
三、內容愈實用愈好
四、表格內的文字最好不要太小
五、引用別人的內容記得註明來源出處
六、顏色不要太花俏，喧賓奪主
七、在手機上閱讀也要很清楚

所謂「時間就是金錢」，以上不論是「Youtube 幾分鐘系列」、「懶人包」或實用「資訊圖表」，都只為了達成一個重要目的：

就是讓觀看的人節省下他寶貴的時間，進而讓你的觀點被擴散出去。

一般而言，要讓觀眾達到「愈省時省力的效果」，製作者就要花費「愈多的時間精力」來完成，千萬別抱著輕輕鬆鬆就可以完成的心情，內容太過粗糙的話，最後可能無法達成你期望的效果。

聯繫腳本是增加回購的重要關鍵

生意大了，一定要做好客戶關係管理

我有個學生秋刀魚，多年前成立了一間悅夢床墊公司，生意做的極火，還北中南拓展了很多家分店，我曾經在課堂上多次例舉他的成功案例。剛開始，他靠的是 SEO 搜尋優化，讓自己網站在搜尋「床墊推薦」時可以排在第一頁，但後來能夠維繫好客戶，並且還透過轉介紹開拓愈來愈多客源，主要靠的是 CRM（客戶關係管理）的技巧。

CRM 的重要性我之前曾經提過，這裡就不再贅述，我主要想分享的是他使用的 CRM 工具裡很重要的一個功能：聯繫腳本。

什麼是聯繫腳本？我用悅夢床墊的例子你就很清楚了。通常床墊買回家之後，大部份的公司從此就不聞不問了，畢竟絕多數人都好幾年才買一次床墊，趕快去開發新的客戶比較重要。但悅夢床墊並非如此，每隔半年，一定就會收到他們貼心的提醒 Email 和簡訊，請我們把床墊頭尾調轉，維持床墊上方墊料和下方彈簧的平均受壓，讓床墊能獲得更長久的使用壽命。

親愛的權自強您好，台灣悅夢床墊貼心提醒您，記得床墊調轉保養呦！ 收件匣 ×

台灣悅夢床墊 gCloud 系統 service@dreambed.tw 透過 email.videgree.com　5月12日 週三 下午8:00
寄給 我

Hi 權自強 您好

我們是悅夢床墊，感謝您購買敝公司的床墊，由於有您的支持與體諒，我們才能持續用心致力於提供每位客戶朋友最好的產品，並努力提供客戶朋友們良好的購買體驗。

有舒適層設計的高級床墊，床墊在正常使用下都會有回軟或人體壓痕現象，雖然**各床墊品牌業者對"回軟or人體壓痕凹陷現象在2cm以內的程度不在保固範疇之內**，但我們仍會提醒用戶要減緩平衡床墊的人體壓痕或回軟請務必定期床墊調轉，提醒您 **距離上次床墊的調轉保養已過了60日以上，貼心提醒您記得將床墊頭尾調轉** 維持床墊上方墊料和下方彈簧的平均受壓，讓床墊能獲得更長久的使用壽命哦！

一張床其實就長期使用來看，會有三種階段躺感。
一，剛開始使用的前4周 (此階段比較硬朗)
二，使用後的1～6個月之間 (此階段就是回軟期間)
三，12～24個月之後 (此階段的軟硬大約已會回軟到穩定狀態)

床墊本身也會分四區域躺感
一，床墊邊緣
二，人體使用區
三，深壓使用區(例如臀部)
四，未使用區域

在這個提醒當中，悅夢除了告訴我們很多保養床墊的小知識外，還提供了老客戶的折扣優惠，可以自己使用，也可以推薦給親朋好友使用。我猜想，很多轉介紹的客戶就是這樣來的，而且因為一直收到這樣的提醒，等下次要再買床墊時，絕對不會忘了他們公司。

像類似這樣的提醒通知，因為每個客戶購買床墊的時間不同，每天要寄發提醒信的對象都不一樣，絕對不可能是用手動發送的，一定要使用系統來派發才會更有效率。床墊公司的提醒相對還比較單純，如果是一間牙醫診所，針對每次來看診的病人，不同的病情定時發送不同的提醒通知（如洗牙、牙齒美白、牙齒矯正回診等等），那更不可能靠手動來寄送。

利用電子報系統的聯繫腳本

以上這樣的提醒通知功能，就是所謂的「聯繫腳本」。有不少的 Email 電子報群發平台（例如 mailchimp），本身就內建有聯繫腳本的功能，例如把 1 到 30 天的電子報內容放進去，每次匯入一批名單之後，就開始啟動發送機制，每天自動發送設定好的那封電子報內容。

如果聯繫腳本能夠結合客戶資料庫系統，就可以發揮更強大的功能。最簡單的例子，如果有記錄客戶的出生年月日，就可以在客戶生日當月或當日，自動發送給他特殊的折扣優惠；如果客戶資料中還彙整了他們的消費記錄，就可以在他們累積到一定消費金額或次數時，就自動發送給他們專屬於「VIP」的恭禧通知，鼓勵他們介紹更多客戶或給予他們更多好康。

因為這種通知通常都會帶入客戶的姓名和個別資料，所以看起來非常客製化，被打開來的機會也比一般的例行通知來的更高一些。這也是使用「聯繫腳本＋客戶資料庫」的好處之一。

過去，這樣的通知，通常還是使用 Email 的方式，畢竟目前它的成本是最低的，但可惜的是有不少這種自動化發送的信件，會不小心被放入郵件垃圾桶中不見天日，所以也有一些很重要的通知，會改用簡訊或實體紙本寄送的方式。例如我每年生日那個月份來臨時，總會收到王品寄來的實體折價券，就是一個很大手筆的投資，可能也是壽星使用折價券回頭消費的比例夠高，才讓他們不計成本的寄出紙本。

Line 官方帳號也有類似功能

這一兩年，因為 Line API 開放串接，已經有一些公司透過 Line 官方帳號，把會員資料庫和聯繫腳本順利串接在一起，傳送的成本雖然比 Email 高一些，但還是比簡訊要低許多，而且傳送的內容也比簡訊更多樣性，還可以有雙向互動的功能。

舉例來說，如果一間民宿、旅館的訂房系統和 Line 官方帳號整合在一起，客戶可以透過 Line 直接選房、訂房、付款，然後再透過 Line 收到提醒住房的通知，入住當天還會收到住房的注意事項，住宿期間有什麼服務需求不用打電話到櫃檯，可以直接傳 Line 就會有管理員回覆處理，最後退房之後還會收到「謝謝光臨，歡迎下次再來」的 Line 訊息。

這全部一連串的動作，都透過 Line 官方帳號搞定，豈不是太方便了？而且因為有這些房客的住宿記錄資料，未來可以再透過聯繫腳本，三不五時傳送給他們客製化的旅遊情報，吸引他們再回來住宿遊玩。這樣的會員行銷方式，才是最輕鬆又有效的。

2021 年 2 月底，Line 官方帳號推出了一個很類似的功能「漸進式訊息」，看這個名稱其實完全無法體會它是做什麼用的，我仔細研究了一下，才發現它原來就是上述聯繫腳本的功能，可以透過不同的觸發條件設定，讓系統自動發送訊息給粉絲好友。

簡單說明一下它的流程：

一、設定觸發條件：可以在這裡設定「從哪一天起加入的人」、「從哪裡加入的人」適用這個條件。

二、追加步驟：可以選擇「幾天後」傳送「預設好的某則訊息」。

三、追加分歧條件：可以選擇「不同條件對象」發送「不同訊息」（例如男生收到和女生收到的訊息不同）。

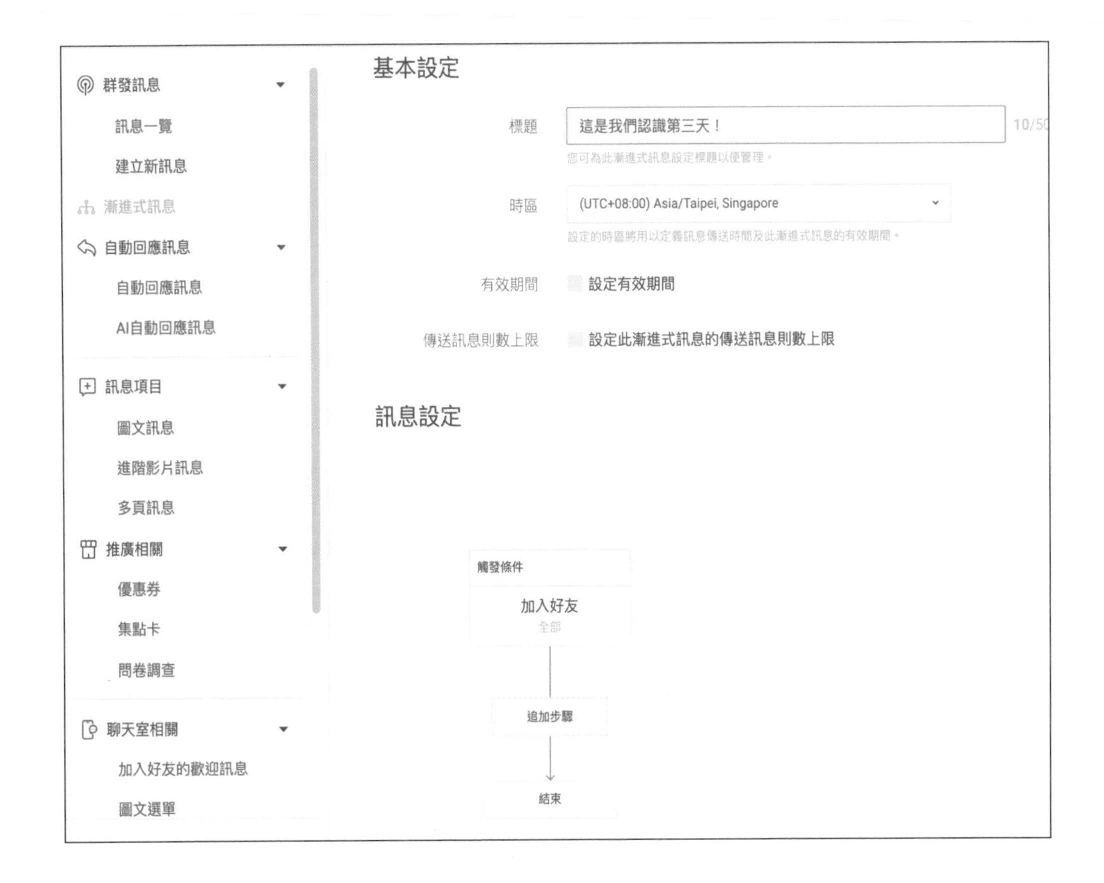

我們來示範一下實際運用的案例好了。

如果我是一間早餐店，從 3 月 1 日起啟用了「漸進式訊息」，就可以設定「3 月 1 日起」在「門市掃 QRCode」加入的粉絲，

「每隔 7 天」就會自動收到一個「20 元的優惠折價券」訊息。

如果我要啟用「分歧條件」，我可以在預設 7 天自動發送時給「女生 30 元折價券」、「男生 15 元折價券」，雖然沒什麼邏輯可言，哈，主要是因為這裡的條件設定比較狹窄，暫時還不能使用標籤分眾之類的功能，只有「性別、年齡、地區、作業系統」等等條件可以選擇。

這個功能雖然目前還有所侷限，無法像 API 串接，可與客戶資料庫做很深入的串連，但至少是一個完全免費的實用功能，可以幫助我們發送一些看起來「更客製化」一點的內容，持續透過 Line 和粉絲保持聯繫。但也要好好小心，不要因為設定了太多的「漸進式訊息」，導致粉絲覺得疲勞轟炸，反而因此封鎖了你的帳號，而且如果你的粉絲愈來愈多，這種自動化群發訊息的費用也會愈來愈高，要多留意是否把發送的額度都用完了。

最後，還是期待大家都能好好善用「聯繫腳本」，要靈活運用老客戶資料，和他們持續保持互動，才是創造回購、持續消費的重要關鍵。

Part 3

數位行銷的策略改造篇

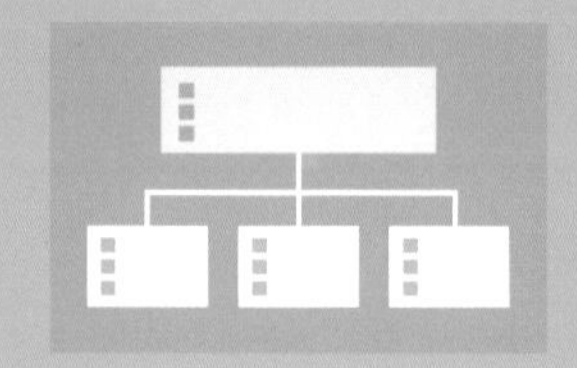

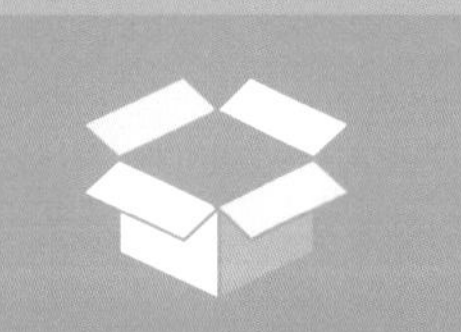

你該如何規劃行銷預算？

沒有預算規劃，沒有行銷計畫

不少客戶想透過我們幫忙買廣告、辦活動促銷商品時，對於預算這件事是毫無概念的。最常見的說法就是：「這是你們的專業，可否幫忙評估一下要花多少錢？」我聽到這種說法時，心中的 OS 通常是：「我怎麼知道你準備了多少錢想做行銷？」或是「我說出來費用你就一定出得起嗎？」

還有一種客戶公司規模比較大，預算通常也「可能」比較多，但他們很喜歡找多家行銷公司來提案比稿，比稿很正常，我可以理解，但比稿前完全不給預算規模，就真的很無言了，承辦人員可能還會說：「先不要設限，儘情發揮你們的創意，最後也一併告訴我們最終轉換的成效預估，我們會綜合考量結果。」講得一副「預算無上限」的感覺。但如果有間公司提 50 萬，另一間公司提 5,000 萬，這兩間公司的企畫案真的能放在一起比較嗎？

按照我過去的經驗，愈是提不出具體預算金額的公司（或老闆），其實在他們大腦裡想花的錢絕對比我們以為的來得低！

好吧，那究竟行銷預算應該怎樣規劃比較好呢？

從目標營業額反推行銷預算

如果把行銷粗分成兩種，一種是要做導購，一種是做品牌曝光，各自會有不同的規劃和想法，我們先來討論關於導購的行銷預算。

不論是要導到商城、導到門市、導到活動課程報名，只要是最後希望透過行銷有具體獲利，這種都算是做導購，差別在最後呈現方式和流程不同。有的很單純，就直接看訂單數；有的比較曲折，可能是先得到諮詢、名單，再由業務人員打電話去開發成交。

對這種行銷目標來說，我會建議先去預想一下你一個月打算達成多少的營業額？不是指上個月的營業額，而是如果現在要開始加碼做行銷，打算新增多少的業績？

而且最好不是只和上個月的數字做比較而已，還要看一下去年同時期的營業額是多少？舉例來說，你的網路商城去年 1 月份賣了 50 萬元的年菜，今年希望透過行銷可以賣到 100 萬元。但觀察去年 1 ～ 12 月的業績，因為疫情導致大環境不好，每月商城的營業額（不同商品也沒關係）和前一年同期比起來普遍都下滑了 1 ～ 2 成，所以如果你今年 1 月份還想達到 200% 的業績，要花的力氣可絕對不是兩倍而已。

很多人可能會直接把這個問題拋給行銷公司，問他們說：「我們營業額想要翻倍，你覺得要花多少錢才做得到？」如果這間行銷公司有辦法立刻直接告訴你一個答案，我覺得是一件很不可思議的事，就算之前曾經操作過類似的商品，也不一定能夠相提並論。

因為不同產品、不同品牌、不同時間點、不同行銷策略、方式，最後達成的轉換成效可能差了十萬八千里，怎麼可能預估得出來？隨便說出來一個數字應該也是空口說白話而已。

延續上面的例子，我覺得比較正確的算法應該是，如果這個月希望多賺 50 萬元，我們要看看 50 萬元裡究竟可以淨賺多少錢？這裡務必要計算保守一點，把一些無形有形的成本（包括自己的勞力腦力）全都算進去，假設你評估最後應該可以淨賺 15 萬元，這時你要思考的，就是你願意從這 15 萬元裡拿出多少錢來做行銷，當然不會是全部，可能 30 ～ 50% 之間，也就是 4 萬 5 千～ 7 萬 5 千元左右。

接下來，就是大家開始努力思考，如何在這個預算範圍之內達成最後的目標，因為前面有說到大環境的不景氣，所以最後利潤有可能不一定有到 50%，也可能只有 20 ～ 30% 左右。那你可能會說，這樣不是幾乎沒賺到什麼錢，還要賣這個產品幹嘛？不，這只是少賺錢而已，至少還賺到了員工（和自己）的薪水，公司可能還賺到了知名度、好口碑，慢慢累積到未來某一天，就有可能會大爆發了。

以上只是舉例而已，每間公司、每個產品的利潤都不一樣，有些公司本來就是薄利多銷，以量取勝，有些公司則是走高端市場，貴精不貴多。但從自己預期的獲利來推估可以花的行銷預算，這個方向總是不會錯的。

花了錢卻不符預期怎麼辦？

接下來，另一個你想問的重要問題是，如果把這筆錢花了下去做行銷，最後沒有達到預期的轉換成效，那豈不就虧大了？

行銷沒有在掛保證的，全世界沒有一間行銷公司敢說 100% 可以幫你達成預期「業績」，最後如果沒達成就扣錢，換個角度說，如果今天不是外包，而是由公司裡的行銷企劃人員來操作，總不會沒達成業績就扣薪水吧？頂多是沒有業績獎金或被開除而已。

實際執行行銷的重點是：「時時監控、步步為營」。

很多行銷活動、廣告的成果，不需要到最後一天才知道答案，可能跑了幾天就可以看到初步的成效，透過很多癥兆可以預知最後的成效，然後機動進行調整，這也是有經驗和沒有經驗行銷人員最大的差異，有時就是在應變的速度快慢上。

行銷計畫擬定好之後，一旦開始實施，絕對要視情況不斷檢討改進，但老闆也要給行銷人員充份的信心和授權，不要隨便給太多非專業意見，或擔心東擔心西只會給壓力，有時只是活動一開始還在暖身、舖陳，要多給一點時間成效才會擴散出去，即使是 FB 廣告都有幾天學習適應期，才會有比較好的表現。

真的嘗試過一段時間行銷活動或廣告之後，大概可以推估出來一筆訂單的轉換成本是多少錢時，老闆這時可以再好好思考一下，究竟應該要踩剎車或催油門？如果狀況真的很不理想，可能要狠下心來停止一切行銷活動以止血；如果狀況和預期差不多甚至更好，也不妨加大預算的金額，最後達到更好的成效。

一般來說，合作愈久的行銷人員或行銷公司，因為有過之前同樣產品的操作經驗，是比較容易抓出一個預算金額的。但如果是針對完全沒推銷過的產品，真的沒有人能憑空給出一個預算和轉換成效。

所以，下次請不要再為難行銷公司告訴你「該花多少錢才好」？而是直接告訴他們：「我有這筆預算和預期目標，請你幫我規劃一下，要怎麼做才有可能達成這個目標？」

3-2 NPO 更要做好網路行銷！

NPO 推動網路行銷的困境

這些年曾受邀到不少非營利團體去教授網路行銷課程，對這些 NPO (非營利組織)、NGO (非政府組織) 組織的現況也有一些些的瞭解，大家真的在募款上都很不容易。尤其是 2020 年因為疫情的關係，有不少企業受到影響，如果公司連自己生存都有困難，怎麼可能再撥出額外的捐款費用，民眾當然也是如此。

比較知名的 NPO 可能還好，但知名度相對較低的 NPO 就倍受挑戰，如何增加新的捐款人或另闢新的財源變成是很重要的任務。

這篇文章我想從網路行銷的角度，來分享我覺得非營利團體還可以加強的部份，尤其主要是針對不那麼有名、資源相對較匱乏的機構更加重要。

在我具體說明工作項目建議之前，想先老調重彈：要做好網路行銷的第一件事，必須要先找到對的人。

我看到太多 NPO 都是一人多用，能有一個人專門只做行銷、公關、辦活動、部份行政工作，已經是很非常理想的狀態了，這個人有沒有受過相關專業訓練，各種行銷工具是否運用熟悉，真的很難強求，加上薪水普遍不是太高，所以很多人都是邊做邊學，加上工作壓力大，所以流動率都很高。

我希望 NPO 的高層主管們能有一個觀念：「服務個案」固然是 NPO 最重要的根本，但「行銷人員」比起一般公司的「業務人員」還要重要百倍。

因為大部份 NPO 並不是靠「產品或服務導進營收」，而是靠「宣傳」來增加募款維持營運。

所以最好多花一些薪水請到好的、對的人，而且儘量讓他們專心做好這件事就好，否則最後是很難得到好成果的。

回到網路行銷工作，以下是我覺得 NPO 未來可以好好加強的地方。

NPO 網站內容的更新，SEO 的加強

網站是一個機構的根本，但大部份 NPO 和自己官網都維持著一種微妙的關係：它好像很重要，但只要有就夠了。

除非放公告或徵信內容，平時並不會花太多力氣去更新，也不會「浪費」錢去經常改版，更甭提 SEO 這件事。基本上，只要搜尋機構名稱時有找到就好，當搜尋主要服務內容的「關鍵字」時，自己官網排在那一頁就聽天由命了。

其實，我認為一個好的 NPO 網站比企業網站要重要多了，因為很多企業並不靠網站帶進收入，但很多人可能會在 NPO 網站上直接捐款。

而且因為 90% 的 NPO 都不重視這件事，如果你能稍微多花點心思做好內容優化、界面調整、關鍵字經營，很可能就會一下子超越其他 NPO，名列前矛。

NPO 網站具體一定做好的事包括：

1. 響應式網站設計（手機瀏覽優先）
2. 順暢的捐款流程及加密安全機制
3. 與服務項目相關的內容持續更新（幫助 SEO）

4. 商品購買、活動報名機制加金流很順暢
5. 其他相關資源串聯豐富
6. 要有社群平台或粉絲追蹤、訂閱機制。

至於細節我就不多說了，可以參考我之前寫過的其他文章。

NPO 的 FB 粉絲團、社團與廣告

我相信沒有 NPO 不經營臉書粉絲專頁，但大部份都不得其法，粉絲人數也少得可憐。

比較好一點的會定期把最新活動的文字、相片、影像記錄 PO 出來，比較差一點的可能就只會偶爾放一些最新公告、徵信內容、募款需求，加上臉書現在超低的觸及率，看到的人就更少了。

我們公司因為都是小編，所以平時會很注意各個臉書粉絲專頁的最新動態，流行哏圖，以前最紅的都是一些購物網站像全聯、蝦皮、家樂福等等，這一兩年政府的幾個粉絲專頁也愈來愈能抓到流行脈動，經常會把政令宣導炒做成熱門分享貼文。但我這麼多年來，幾乎從來不曾看到過任何 NPO 的

粉絲專頁有在追時事話題，好像 NPO 的社群經營永遠都只能走溫情感人路線。

我知道揹負著募款或公益的包袱，不能隨便放搞笑圖文，但內容再好，如果都沒人看到也是枉然。如果還是想好好運用社群媒體的力量，就不能再只是把它當成佈告欄，一定要努力多想一些可能會被分享的好內容。

相較於粉絲專頁的低觸及率，社團其實也是一個不錯的經營平台，而且因為有多種隱私權限，有時更容易找到你要服務的對象或他們的親人朋友，變成一個支援團體。雖然不能直接從社團經營獲利太多，但如果可以建立一定的影響力，再透過活動或商品販售來轉化一些收入也不錯。

除了粉絲專頁和社團，其實使用 FB 廣告來直接導官購募款也是不錯的一個方法。我自己真的很少在 FB 塗鴨牆上看到國內的 NPO 廣告，不曉得是怕粉絲觀感不好還是有什麼特別的原因（不會買廣告？）如果不方便直接導募款，也可以透過廣告來宣傳一些活動或義賣商品，只要控制在一定預算內，隨時注意廣告轉換的成效，我覺得這應該還是一個很有效的方法。

NPO 的 CRM 與 Line 的經營

大家都知道老會員的重要性，對於 NPO 來說更是如此，一個長期捐款人有多重要不言而喻。但我不曉得過去 NPO 都是如何「經營」這些長期捐款人？除了寄刊物給他們，偶爾舉辦活動邀請他們來參加之外，現在也可以透過 Line 官方帳號與他們長期保持黏著度，並且給予更客製化的關懷。

首先，當然 NPO 要有一個好的 CRM 系統，去記錄每個捐款者、每個義工、每個受助者、每間贊助企業的詳細資料，然後把這些和 NPO 真實互動過的重要關係人用標籤做好分類，然後就像企業對待老客戶一般，定期與他們聯絡。以前可能是用電子報，現在當然該用 CRM 結合 Line，才能又即時開啟率又高。

最好還能透過 API 串接會員資料，每個人只要打開 NPO 的 Line 官方帳號，就可以查詢自己的捐款記錄，然後直接用手機就可以透過選單進行捐款，那就太方便了。

最重要的是，最好可以在固定時間開放讓捐款人和 NPO 做一對一的線上互動，如果太忙可以不用即時回覆，但至少有一個雙向溝通的管道。經常透過 Line 讓捐款人知道 NPO 的動態，不要一直發廣告（募款或商品）訊息，多分享一些個案故事或活動記錄，並且鼓勵他們轉分享，或邀請新朋友來加入這個帳號，才會有更好的擴散效果。

NPO 也要開始學習用影音做記錄＋宣傳

我知道「拍影音」是許多 NPO 心中的痛。大家都曉得影片效果很好、影音宣傳很重要，但 NPO 裡會拍影片、剪輯影片的人實在太少。

其實，現在要做一支影片的難度真的比以前低太多，隨便一支手機拍攝的畫質絕對就很夠用，而可以剪輯影片的免費 APP 又不勝枚舉。我建議 NPO 應該多找一些老師來教大家怎麼用手機剪出影片？怎麼開設一個 Youtube 頻道？怎麼成立一個 Podcast 頻道？可能只要花一個下午的時間，大家就應該會有很大的進步。

不過，最重要的還是長官和工作人員都要擺脫心中的包袱。我知道很多 NPO 涉及個案隱私，不是什麼都可以拍成影片，但總還是可以記錄一下辛苦工作的歷程、社工人員的心情等等，但大家都低調慣了，如何在努力服務個案之餘，也能留下一些未來可以拿出來宣傳的素材，這是行銷人員要和大家多多溝通、拜託的地方。

NPO 跟網紅合作，借力使力

台灣現在網紅如過江之鯽，可能路上招牌掉下來，就能砸到一個 Youtuber，只是知名和不知名的分別而已。

我發現這些網紅和 NPO 之間好像是兩條平行線，我很少看到網紅分享去做公益活動的記錄，更沒看過 NPO 裡有人變成網紅，我覺得這是很可惜的事。我知道 NPO 要變成網紅很難，但總是可以找一些網紅來做公益吧？

其實對網紅或 Youtuber 來說，有時也是很需要拍片素材，總不能像 How 哥一樣每支影片都是業配，他們時時都在努力想各式各樣受歡迎的影片企劃，今天如果有 NPO 來邀請他們參加活動，一方面借助知名度來號召大家做公益，他們又可以把活動內容做成影片記錄，應該是兩全其美的事。雖然影片的流量不一定太高，但對 Youtuber 的個人形象絕對是大大的加分。

如果上百萬訂閱數的 Youtuber 大咖請不起，也不妨先找一些訂閱數在幾千人到幾萬人之間的中小型 Youtuber 來合作，針對他們本來頻道的屬性，一起討論企劃適合他們拍攝的影片內容。我覺得只要有幾個成功案例出來，未來網紅搶著做公益拍影片突然變成一種流行也說不定。

NPO 在其他網路平台的嘗試

NPO 行銷人員除了官網經營、社群互動、會員關鍵經營、影音網紅合作之外，我覺得也可以多去嘗試一些新型態的募款途徑，例如群募網站。

我知道過去一兩年已經有一些 NPO 透過群募網站取得不錯的募款成績，但我相信勇敢嘗試的 NPO 還是極少數，很多人可能連怎麼開始都不曉得，或是只知道把自己的公益活動放上平台，卻不曉得怎麼進行後續宣傳，達到真正募款的成效。

建議可以先去找一些群募成績不錯的 NPO 取經，深入瞭解他們是如何善用這些新的募款平台或工具，其中的 Know how 絕對不是表面上看起來那麼簡單，而我相信只要不恥下問，這些行銷夥伴們應該都會不吝分享他們的經驗，畢竟大家都是在為公益做努力。最重要的是行銷人員要保持對各種資訊的敏銳度，以及踏出第一步的勇氣，只要多多嘗試就有機會。

天上永遠不會掉餡餅下來，每個 NPO 都要靠一步一腳印的用心去經營，募款的行銷更要靠日積月累的經營才會有成果。我覺得在這個最辛苦的時代，NPO 不能再像從前一樣只會「默默的做」，要更積極主動的「大聲說給愈多人聽愈好」，把行銷宣傳當成最重要的任務，把你們平時做的有意義的工作、現在亟需要的援助，用最即時、最有效的網路行銷工具讓大家知道，才能一起撐到下個春天的來臨～

如何選擇與培養一個好的行銷人員？

從我的網路行銷講師經驗談起

我自己因為並不是任何網路行銷或企業管理科班畢業，所以大部份的行銷理論都是不懂的，全部都是土法練鋼，一步一腳印累積下來的經驗。後來當了講師，我每次開場也都會和同學先聲明，我和其他網路行銷講師不大一樣，上課內容沒有理論，只有案例和實作。倒不是我不想隨口講出個幾 P 行銷理論，而是因為我真的沒學過。

雖然不懂理論，但相對而言我的優勢是有比較豐富的實操經驗，從最早在博客來、金石堂、智邦生活館、中時電子報、PChome，到自己成立公司累積了超過 20 年的網路行銷經驗，我所分享的幾乎都是之前嘗試過真實有效的方法。所以上過我課的同學都知道，我從不介意上課簡報提供給學生下載，因為如果有人想拿我的簡報去教學，就算大致架構都曉得，但少了經驗背景脈絡，講出來的感覺應該會很不一樣。

而且我上課的內容不斷在進化，每個月都會加入很多新元素，何必在意別人抄襲自己的舊內容。

所以如果想成為一個好的講師，我覺得口條、理論都在其次，那些都是可以慢慢訓練而來，最重要的還是教學的內容是否有實作經驗。自己真的有做過才會有底氣，講起來才會有說服力，如果只是講理論、講別人的案例，講出來只會徒有其形沒有其意，而且很容易被學生問倒。

話說回來，一個專職的網路行銷講師是不容易有實際操作經驗的，他們或許是很多企業的顧問，但顧問和實際操作還是有一段距離。我很不喜歡當顧問，因為有時點出了企業的問題，卻看到他們實際在執行時因為種種原因窒礙難行，我只能心急的給意見卻無力回天。

除了當顧問，一般講師也比較沒有機會實際去操作經營客戶的臉書粉絲專頁、社團、Line 官方帳號、Youtube 頻道等等，他們通常只能經營自己個人的帳號，而個人品牌經營得好，不代表就可以用同樣方法把別人的產品也賣出去。

所以，從另一個角度來說，以後在挑課程老師時，建議大家與其選擇專職講授網路行銷的老師，不妨可以多選一些本身是小編，或正在幫知名客戶經營操作的資深行銷人員，如果他們願意出來分享實戰經驗，內容通常會更有料，或許他們不那麼擅於言辭表達，講的內容也缺乏系統整理，但至少是驗證過比較真實可行的方法。

我如何挑選行銷人員？

這和我在挑選員工時的邏輯是很像的。這年頭來應徵的人，幾乎都是知名大學行銷科系畢業的，如果工作多年，看到我們公司在應徵小編，多半在履歷裡也會放著經營過哪些知名粉絲專頁的經歷，但這其實很難去驗證真假，因為通常他現在已不是那個粉絲專頁的小編，所以不能叫他登入後台來看看，也無法證明哪則貼文是他寫的。很多人雖然履歷有放顯赫經歷，但其實他說不定只是個實習生或助理，負責做一點很簡單的文書工作，但卻對外號稱那個行銷的成果是他創造出來的。

所以我通常會請他們舉幾個自己寫過的成功貼文案例，或是舉辦過的成功網路活動案例，最好是從無到有、從頭到尾是他自己企劃出來的內容，然後說明一開始的發想過程，中間遇到的困難，最後又是如何克服難關達成好成果的？能夠說得出具體的困難點及解決方法，多半就不是騙人的。

如果這個人從以前到現在，都沒有過任何成功的行銷經驗，那可能會很難說服我他之後會做出什麼好成績。所以這裡插一句話，奉勸現在新鮮人不要太頻繁的換工作，至少一定要把目前這份工作做出一點說得出口的好成果才能走，否則帶著失敗的經驗，只會陷入求職不斷碰壁的惡性循環。

再回過頭來說挑選員工這件事，想知道這個案子是不是他執行的，就必須清楚瞭解他的思考脈絡邏輯是怎麼進行的，如果說不出來，就代表他在這個專案裡可能只是個小配角，或那個專案的成功完全只是憑運氣而已。

憑運氣也沒什麼錯，有人說過「運氣也是實力的一種」，但如果找不出可重覆實現的原因和軌跡，我們就很難幫別的客戶複製下一次成功，這個經驗就只是經驗而已。

如何養成一個好的行銷人員：基本功

前面拉拉雜雜寫了一大堆，好像很沒有重點，其實我真正是想和大家分享：如果你像我一樣不是科班出身，又想成為一個好的網路行銷人員，應該要怎麼做才好？

首先，你應該要把自己的基本功練習好。什麼是基本功？對我來說，不是那些書本上的理論，而是至少要具備三個能力：

文案撰寫能力、編輯做圖能力、企劃剪輯一支 3 分鐘影片的能力。

文案不是要辭藻寫的多麼華麗，但至少要能寫出比較吸引人的產品或活動說明，方法無他，唯練而已，只要每天一直多寫，寫完給長官看，然後聽取別人的意見進行修改，多寫多改，內容就會愈來愈精準了。

做圖並不是要你完全取代美編的工作，而是至少具備一定的美感，讓你在緊急情況時，不靠別人也有辦法利用一些現成工具，做出一張堪用的圖片。按照我的經驗，能自己做出圖片來的行銷人員，平時在和美術設計溝通時也才能夠更瞭解他們的需求，不會言不及義，最後作品來回修改不停。

影片當然也不是要你拍出廣告 CF 的水準，但至少要懂得如何寫腳本、企劃、運鏡、簡單剪輯的技巧，未來才能用攝影同仁能懂的語言和他們溝通需求，進而有效率的產出作品。

這些基本功雖然不是一蹴可及，但有空或沒事時都可以自己私下多練習，只要多做，練個 1 ～ 2 年一定會愈來愈厲害。

雖然現在是個專業分工的時代，但實力累積是屬於自己的，誰也搶不走，只要你這三項能力愈強，將來不論到任何地方，都會更容易展開工作，而且贏得同事和客戶們的尊敬。

如何養成一個好的行銷人員：經驗眼界

一面培養基本功，另外就是要多多開展自己的眼界了。我們很幸運，生活在一個有臉書社團、Line 群組的時代，即使你沒空出門上課進修，也可以多加入行銷相關的各種社群，多看、多聽、多學。

從事我們這一行的人通常都有很深的資訊焦慮症，總害怕一不注意就被新技術拋在後頭，所以不要太封閉在自己的小圈圈裡，最好可以多參與一些小編互助社群，多聽聽別人的成功案例，也發表你的意見加入討論，你願意分享自己的心得，才能得到更多的回饋，一起愈來愈進步。

除了加入專業社群討論之外，我覺得一個好的行銷人員也要多注意社會的流行脈動，即便沒有時間看完最流行的日韓劇、影集、電影、小說，至少也可以在 Youtube 上花個幾分鐘看看故事劇情解說，才會知道現在在夯什麼？當然，能看原創的內容是最好的，才不會因為二手解析而少看到很多細節與趣味。

追蹤這些流行時事或影視節目，並不只是要跟得上話題討論而已，最重要的是我們可以從這些流行文化中學到一些什麼？例如最近鬼滅之刃動漫很紅，但它紅的理由是什麼？是故事真的太棒，還是有什麼大環境因素，或背後看不到的推動力量導所致的？又例如大陸 2020 年「脫口秀大會」節目爆紅，但這個節目為什麼會紅？是脫口秀這個表演形態進入成熟期了嗎？還是疫情太苦悶大家都需要開心大笑找到一個出口？台灣的脫口秀現況也是一片榮景嗎？一面觀察時事，一面動腦思考，會看得更深刻一點。

想要成為一個成功的行銷人員，最後我覺得還有一件很重要的事，就是一定要在行銷之外培養一些興趣或專長。

應該很少人天生的興趣就是「做行銷」，說到底，行銷應該是一種手段而已，它是幫助你把某些事物推廣出去的有效方法，我們生活中絕對不可能只有做行銷這件事，你最好還在某個領域有真正有興趣的事物，譬如如果喜歡運動，一有空就去運動吧，儘量把某項運動練到極致；如果你很喜歡畫畫，那就多去畫、多去學，讓自己有變成業餘畫家的潛力。

「有興趣」到「做到好」是兩種不同的階段，是必須加倍努力才能達成的結果。我發現愈是成功的行銷人員，一定也在某領域有一些行銷以外的專精項目：

「全心投入興趣」和「全力賣出產品」的精神是互通的，如果能在別的領域有很好的成就，通常在做行銷時也會有不同的衝勁與視野。

畢竟行銷不可能做一輩子，但你的興趣或專長可能可以一直陪伴你到老。我發現真正成功的人可能都沒學過什麼行銷理論，因為他們通常都專注在做自己有興趣的事，不是被交代要去完成某項任務，他們是會不由自主想方設法努力去達成想要實現的目標，這種「不計代價、渴望成功的精神」，才是行銷人員最重要且應該擁有的素質。

行銷外包的好處與重要提醒

自己養行銷人員？還是外包給行銷公司？

我發現很多即使認識很久的朋友，都不曉得我的正職工作是什麼？還以為我主要是在當職業講師（因為大家都叫我權老師），但其實當講師頂多算是副業，我的正職工作是在自己創立的「讚點子數位行銷公司」裡擔任執行長，帶領公司三十位全職員工協助客戶做行銷工作。

只不過因為員工都不用進辦公室，化整為零，我自己當然也都沒進辦公室，所以有時實在感覺不出來我們公司有這麼多人。

我絕大部份的時間並不是在上課，而是在和客戶開會，或前往開會的路上，只能偶爾利用餘暇兼一些課程。所幸公司專案經理都愈來愈厲害，很多已經上軌道的客戶我就不用再每次參加會議，不然光把四十家客戶的會開完一輪，一個月都排不完。

我們服務的客戶可說是五花八門，因為只要有預算、不違法，幾乎是來者不拒，事實上本來各行各業都需要做行銷，大到上市上櫃公司想建立品牌形象，小到個體戶想當網紅，都可以外包找行銷公司協助。以前大部份公司都會養自己的行銷團隊，但現在也有不少企業意識到術業有專攻，與其在公司養人，還不如找專業公司來合作。

我們可以先看看公司養一個行銷人員的缺點：

一、太小的公司根本找不到一個有經驗的行銷企劃人員，除非給很高的薪水。
二、就算請到一個行銷企劃人員，這個人也不一定留得長久，每次人員一流動，就要重新訓練新人瞭解公司的產品及核心精神，很麻煩。
三、一個行銷人員會做的事很有限，很難找到同時會寫文、會做圖、會拍影片、會程式設計、會架站、會談合作、會賣商品等等全才的人。
四、如果請來的行銷人員不適任，沒達到預期 KPI，也不能太多苛責，只能請他繼續努力，如果最後想 Fire 他，還得支付資遣費用。

相反地，如果公司內部不養行銷人員，改成和行銷公司外包合作的話，有以下優點：

一、可以先釋出目標和預算，再找一堆行銷公司來提案，從當中選一個最喜歡、最靠譜的團隊，因為現在行銷公司很多，說不定比起應聘一個專職員工還要容易些。

二、馬上簽約，馬上開始動工，不用等新人暖身時間。當然，雙方可能還是需要一點磨合期，但至少行銷公司是帶著自己專長來的，通常都會比企業更快進入狀況。

三、稍有規模的行銷公司（像敝公司）都有專業分工，每月只要花一個中階人才的薪水，就可以得到一個團隊的協助，不需要再到處尋找各式各樣的人才合作。

四、如果行銷團隊做的不好，未達成預期 KPI，可以按合約懲處或解約，完全不用留情面、不好意思，而且還不用支付資遣費用。

五、合作行銷公司的客戶數愈多，就愈有機會合縱連橫，透過這間公司找到與其他公司資源交換的機會，這是一般人可能沒想過的潛在好處。

六、合作行銷公司的經驗愈豐富，就愈容易解決各式各樣的問題，因為之前可能在別家公司遇到過類似情況。而且也愈有機會花最小的費用，達到最大的成效。

七、行銷公司為了承接各種客戶案件，滿足各式各樣的行銷需求，所以通常都是走在資訊最前端，任何行銷工具也會率先去嘗試。但公司內部人員可能資訊較封閉，因為沒有需要進步的壓力，就容易故步自封，最後招式用老。

如果要外包行銷團隊，你要注意的事

以上是我想到和行銷公司合作的一些好處。當然，凡事不會有百利而無一害，行銷公司和內部行銷人員相比起來，最弱的一塊應該就是對公司產品的即時掌握度，這有賴於雙方窗口的溝通是否順暢，才能夠有更好的發揮。

也就是說，除了有外包行銷團隊，最好公司內部還是要有一個專責的窗口來傳遞即時訊息，整合情報資訊給行銷團隊。

這麼多年來，我們也接到過不少客戶換過很多行銷公司，踩過不少雷，最後才找到我們的。所以，最後我想再分享是：如果有天想找行銷公司外包合作時，一定要注意的關鍵點。

一、這間行銷公司的「全職」專案經理究竟有幾個人？

兼職不算，只有正職員工人數才能看出這間公司認真經營的決心和實際規模大小。而且員工多的好處是，如果後來和這間公司的某個團隊合作不對盤，說不定還可以換個團隊試試看。

二、這間行銷公司「一個全職專案經理」負責「幾個客戶」？

如果一個人負責超過三個客戶以上，就算這個人自稱自己有多強，都絕對不可能把你們公司照顧好。

三、這間行銷公司有沒有專業分工？

例如有幾位美術設計人員？有沒有影音團隊？有沒有工程技術人員？如果全都是專案經理一個人校長兼撞鐘，那最後可能和你們自己請人來做的成果差不多。

四、這間行銷公司做過「最久」的案子有多久？

如果他們手頭上動輒都是合作五、六年以上的老客戶，那表示他們的客戶滿意度不錯。就像應徵員工一樣，方便的話，也可以私下去徵信他們現在服務的客戶窗口，看看之前的執行情況如何？

五、這間行銷公司的「員工流動率」如何？

一般企業外包案件時，最痛苦的莫過於負責案子的專案經理一直換人，沒多久就要重新教育訓練和適應一次。所以可以問問行銷公司員工平均在公司有多久的資歷？如果少於 2 年，甚至完全找不到 3 ～ 4 年以上的資深員工，那可能代表這間行銷公司本身環境有些問題，否則為什麼員工都待不久？未來合作很可能就會遇到頻頻換窗口的情況。

六、這間行銷公司在討論企劃和執行專案時，在意的是「完成執行項目數量」，還是「一起實現未來的目標遠景」？

這彷彿有點抽象，換句話說，這間行銷公司是把自己當做你們企業的「合作夥伴」，還是只在「執行一個專案項目」，這個定位和目標設定的不同，可能也會影響雙方未來是否能夠長期合作。

七、這間行銷公司的人通常多快回應訊息？

尤其是在上班時間。如果傳 Line、Messenge 都過很久很久才回，而且回訊息時也都是用制式口吻，表示這間公司的員工並不是一直都開著他們的電腦或手機在注意你們的需求，那未來如果在行銷工作上遇到緊急事件時，可能也會無法即時處理。

八、這間行銷公司的人平時如何強化自己專業？

他們是否也很關注目前產業最新動態？有沒有時常進行員工訓練，趕得上日新月異的資訊變化？會不會樂意和你們分享最新行銷資訊情報？如果什麼都斤斤計較、敝帚自珍，不懂得大家一起成長，那合作的路是走不長久的。

當然，要找到一間十全十美的行銷外包公司並不容易，很多狀況都是開始合作了才會更清楚。以上只是一些小小提醒而已，因為行銷外包公司是拿著你的錢在操作，並不是花他們自己荷包裡的錢，有時燒光了也不心疼，所以在合作前更應該要多方觀察，找一間有責任感、好口碑、經驗豐富的公司。

最好先簽三個月的約試用看看，如果合作順利再簽更長的合約，花錢事小，浪費你寶貴的時間或商機才是最嚴重的，所以也要在一開始就設定很具體的檢核目標和獎懲辦法，最後才會比較容易達成你預期的目標。

3-5 行銷外包該如何計算報價？

行銷要做的事情其實比你想得多

一般客戶來找我們公司時，通常第一句話問的都是：「請問你們要怎麼收費，有沒有價目表？」我不曉得別家公司怎麼收費，也從來沒和同行交流過，但我總覺得網路行銷不是菜市場賣菜，很難列出一個價目表，所以我一定不會直接傳報價單過去，而是希望可以先和客戶見面談一下，瞭解他們的需求，知道我們大概要做什麼工作，才比較好報價。

於是，早些年，我花了很多時間在和新客戶開會討論，瞭解需求、介紹公司服務內容，再回去整理提案企劃和報價資料。沒錯，這些工作幾乎都是我一個人完成的，我們公司成立十年來，一直到去年才請了一位半業務半 PM 的夥伴進來，在那之前我們公司是沒有業務的，只要有新客戶，都是我親自出去洽談。

很多公司窗口見了我還很訝異，沒想到這間公司規模小到只能由老闆親自出來提案，我回答倒不是因為公司規模太小，而是我們公司一直沒有太大的業務開發需求，所以從來沒有想請一個專職業務人員，而且每個專案經理都在努力工作、負責好自己的客戶，所以新業務的洽談當然只有我這個相對比較閒的人出馬了。

這麼多年來，我們的客戶幾乎全部都是透過口耳相傳、口碑介紹而來，從來沒有買過任何行銷廣告，至今慢慢成長到有三、四十家大大小小客戶的規模，因為網路行銷、社群操作是一個高度人力密集的工作，一個專案經理平均只能負責 1 ～ 2 個客戶，所以我們就算一下子冒出一大堆新客戶，也沒有這麼多的專業人力可以承接，所以一直都只能慢慢牛步成長，希望「重質不重量」，客戶數不用太爆量，但我們可以儘量把每個客戶都照顧好，做一些更深化、更長期的服務。

通常企業主想像的行銷預算

因為新客戶洽談通常都要花費很多時間，所以這幾年我親自去客戶公司認識拜訪之前，還是學聰明了一點點，會儘量旁敲側擊一下客戶心中大概的預算，因為大部份的人對網路行銷外包要花多少錢完全沒概念，所以很多人心中想的預算通常都偏低。

一般來說，老闆最大的迷思是：外包費用應該比請一個專職人員來得更便宜吧？如果更貴，那我請一個人在公司上班就好了，何必外包給你們？請一個人可以儘情的操他，高興叫他做什麼就做什麼，外包給你們，還要斤斤計較按項目收費，太划不來了。

殊不知外包行銷公司擁有的專業、執行出來的品質和成果，絕對比一個專職人員來得更好，所以當然不應該用一個人的薪水來衡量。外包和請內部人員之間的差異，我在上篇文章裡已經比較過，這裡就不再重複贅述了。

所以如果現在去提案前就知道客戶對預算的想像太低，我大概就會婉拒這個機會，免得浪費雙方時間。最怕就是客戶怎麼就是不願意明說自己的預算，等提案報價了之後又拚命砍東砍西，大家拉扯來拉扯去，最後才曉得其實雙方對費用的想像根本天差地遠，談了老半天也是浪費生命而已。

行銷費用怎麼計算？

話說回來，大家應該還是很好奇，究竟我們公司是怎麼收費的呢？

簡單說，我們公司有兩種收費方式：

一、看每個月要執行哪些工作項目和數量，然後按照規劃的工作內容來收費。
二、看這間公司想達成的目標 KPI，訂定一個可能需要的整體費用，但在工作項目和數量上不明確制定。

這兩種方式並不是「按月收費」或「專案整體報價」的差別，主要還是合作模式和心態大不相同。

大部份公司比較能接受的，都是前者的報價方式，因為用數量來計費很簡單清楚，不容易有爭議。例如每個月寫幾則文案、做幾張圖片、拍幾支影片、要不要擔任線上客服回覆問題等等，報價時抓一個固定的工作內容和數量，每月只要完成了這些工作內容，我們會在月底整理月結報告請款。

通常一次合約是半年或一年，等合作快結束時，再一起來評核那段期間總體的執行成效，決定是否要續約？以及下次合作是否要調整什麼工作項目？

在累積了很多年服務客戶的經驗之後，我最近比較常向客戶推薦的反而是第二種報價方式。就是我們在確認客戶的行銷目標之後，制定每月或專案 KPI，然後針對這個 KPI 來提出合理的行銷費用，接著就開始執行，執行的內容項目和第一種方式大同小異，差別是在「沒有」設定具體的數量和方式。

在更詳細說明第二種報價方式其精神之前，我想先說一下我們公司的定位。

一般來說，客戶是甲方，行銷公司是乙方，甲方可以命令乙方去完成各式各樣的工作，等完成了之後才付錢給乙方，雖然沒有明說，但甲乙方通常會有上下階級的感覺（所以有「甲方爸爸」的說法），可能絕大部份的行銷公司都是站在乙方這樣的角色來和客戶合作。

但我的想法比較不一樣，我一直希望自己不要站在乙方，而是站在合作夥伴的角色，協助客戶一起來實現目標、創造業績。因為是合作夥伴，所以我們不應該只是被動的接收命令，也要主動去幫客戶多想一些其他行銷該做的事，例如市場分析與定位、產品優化、品牌形象塑造、網站界面流程等等，因為影響最後績效的原因本來就錯綜複雜，不一定是只做什麼就會有成果，成功通常是諸多努力匯集在一起導致的結果。

如果行銷公司是商業合作夥伴

因為是合作夥伴，所以我們不應該只是像個公務員，做完報價單羅列的項目就下班收工了，而是更應該反覆思考，究竟做這些事有沒有意義？要怎麼做可能會有更好的結果？甚至主動去想怎麼幫客戶省錢？還應該要多做些什麼才會對業績有幫助？就像真的是在那間公司上班的行銷團隊一樣。

行銷絕對不是一成不變的，現在資訊時代變化這麼快，上個月能成功的方法，下個月可能就失效了；FB 粉絲專頁和廣告也絕對不是唯一解決的方法，各式各樣的新工具層出不窮，有機會就應該挑選適合的去嘗試，說不定搶到一波紅利就爆發了。

上面這樣的想法不只是要讓客戶知道，我更希望讓執行專案的同仁放在心上，我們不能只滿足於報價單上當初列出來的工作項目而已，而是要時時刻刻主動幫客戶想，該怎麼做才能讓客戶有更好的成績？也因此，我更希望客戶可以不要用第一種報價方式，而是多給一些預算和空間，讓我們用第二種報價方式來合作。

第二種報價方式因為沒有明訂具體工作項目和數量，乍看之下客戶可能會很緊張，如果你什麼都沒做，就算達成業績，最後也要收錢嗎？（沒錯）但從另一個角度想，這其實是一種「吃到飽、通包」的概念，我們行銷公司要不計一切代價去完成目標，通常要投注的心力絕對是比條列項目多得多。

當然，這裡牽涉到一個重點，就是目標 KPI 該如何設定才公平？一般來說，如果是直接做銷售的公司，可以用和業績相關的「訂單數、諮詢數、名單數」做為指標，如果是做品牌形象的公司，則可以用「每月觸及人數、互動數、網路搜尋量、網站到訪人數」等等來說明比較抽象的曝光或知名度的提昇情況。

不論如何，每月都應該可以針對 KPI 做討論修正，雙方一起討論出最有用又真實可以達到的目標，在互信雙贏的基礎下，合作才能長長久久。

所以結論就是，大家以後千萬不要再劈頭就叫我給報價單了，我們可以先好好互相瞭解一下，讓我知道你們公司的困境或目標，也讓你知道我們公司可以做哪些事。如果雙方都還不認識，你只是告訴我每月或每年預算，就要我列一個報價單給你，那我合理相信你們想看的應該只是哪家行銷公司報價比較低，並不是想找一個合作夥伴，那就謝謝再聯絡，去找最便宜的行銷公司吧～

該如何做好網路公關危機處理？

社群小編不是用自己的角色在說話

最近看到台南市長黃偉哲粉絲團頻頻出包，一下子因為貼落羽松消息惹出性別刻板印象爭議，一下子又因為蹭天竺鼠車車熱度被罵太閒，有感而發，想來和大家談談企業或公眾人物應該如何做好網路危機處理？

從發文內容的口吻看得出來，黃市長粉絲專頁的外包小編應該是一個很關注網路流行時事的年輕人，但現在這個粉絲專頁的名稱既然叫做「黃偉哲」，不是「台南市政府」，更不是「流行話題情報站」，發文時又沒有註明是用「小編」身份，所以完完全全就是代表「黃偉哲」市長本尊在說話，一定要符合黃市長本人的人設，不能平時看起來正經嚴肅，到了FB粉絲專頁就變成輕佻搞笑，那會讓大家感到非常錯亂。

不是不能蹭熱度，現在所有政府粉絲專頁哪個不是搶著在蹭流行話題？重點是要蹭得正確，例如最新一集天竺鼠車車是在講競速議題，內容有點像龜兔賽跑，跑最慢的最後反而得了冠軍，是不是應該用這個角度來思考，可以帶給大家什麼正面的寓意？或是乾脆自己也來模仿做個定格動畫，宣導一些重要的防疫觀念，這也是各家小編常見的手法。最莫名奇妙又不用心的方式，就是直接貼上新影片的連結推薦大家去看，所以最後被大家狂罵也是合情合理的。

回到網路危機處理這個議題，我會把危機處理分成三階段：危機發生前、危機發生當下、危機發生後。

一、危機發生前

我相信所有企業的公關人員應該都同意，等危機發生了才去處理，通常是最困難最被動的，所以最好的策略，就是把危機扼殺在發生之前，也就是預防危機的發生，防微杜漸，這部份絕對要投注最多的精力和資源才對。

以上述黃市長粉絲專頁為例，如果外包給比較有經驗的社群經營公司，負責的人是比較優質的小編寫手，貼文在送出之前先經過雙方窗口層層審核把關，甚至後台在設管理員權限時就能好好篩選（因為有人說是小編不小心切換個人帳號送出搞錯的），那是絕對不可能發生這樣嚴重失誤的。

除了標準化工作流程，找到專業適任的人力之外，要想預防危機發生，最重要就是做好「輿情觀察、情報蒐集」的工作。

我們一樣用黃市長粉絲專頁來舉例，如果是一個合格的行銷團隊，平時除了想哏、寫文、做圖、貼文外，更要眼觀四面、耳聽八方，一秒鐘都不能鬆懈地查看粉絲專頁上的每個留言或私訊，能愈快回覆、愈快處理愈好，如果有小編無法處理的問題，也要即時找到相關窗口回報討論，絕對不能視若無睹或拖拖拉拉。

除此之外，時時刻刻都應該睜大眼睛盯著和「台南」相關的所有社群平台，例如「台南爆料公社」、「台南人大小事」、「我在台南」等等，甚至不只是在 FB 上，其他社群平台如 BBS、各大論壇、Dcard、Youtube 等也要經常上去巡邏。其實不只是「台南」這組字很重要，其他有關聯的字也都應該一起注意，像是「南部」、「府城」、「黃偉哲」、「綠色執政」等等字眼，都應該定期追蹤才對。

Google 有一個很好用的免費工具叫做「Google 快訊（Google Alert）」，只要訂閱想關注的重要關鍵字，

Google 就會即時把與那組字相關的新聞或文章連結後，用 Email 傳送過來，讓你做到秀才不出門，能知天下事，這是絕對要好好利用的網路保全工具。

可惜 Google 快訊並不能即時抓到每一則社群平台的貼文內容，所以上面提到的各種社群平台還是要安排人力輪流去巡邏一下比較保險一些。

二、危機發生當下

當網路上出現可能偏向負面的輿情時，發現的行銷人員應該立即向主管做回報，評估事態發展，一起擬定幾種不同應對策略及可能後續反應，也在第一時間與窗口做討論及建議（記得不是只回報問題，也要提出具體應對方式）。視問題輕重決定是不是要召開專案小組會議？等討論決定了應對方式之後，就要儘快執行處理，然後指派專人密切監控輿論後續發展。

大致處理的流程如以下這樣：

發現→回報→建議→討論決議→應對處理→監控後續→視情況再應對→檢討改進

以現在資訊流通超光速的時代，大概從發現問題到處理，可能只有不到一小時的時間，通常能愈快處理，就會有愈好的解決成果，所以負責輿情監控的小組務必要有一個可以很快速溝通到最高層的管道，平時備而不用，但緊急狀況發生時，可以有效立刻進行處理。甚至平時偶爾要做一下模擬演練，以免禍到臨頭時大家無所適從。

除了「速度」很關鍵之外，「態度」是解決危機更重要的關鍵。

一般情況下，我都會建議當事人姿態放愈低身段愈柔軟愈好，雖然社會上很偶爾會出現強硬回擊得到一致好評的結果，但這種成功機率實在太低，沒必要賭上自己辛辛苦苦建立的形象。尤其大部份時候面對的是廣大躲在鍵盤後的鄉民，敵在暗我在明，除非是一些本來就想靠「大戰鄉民搏取眼球話題的網紅們」，否則犯不著和一堆不認識的人吵來吵去，站在企業或知名人物的角色，最好在第一時間還是先認錯再說，不用說太多理由，就誠懇的道歉就好了。

要知道，那些本來就覺得你有問題的鄉民，無論如何你是不可能讓他們改變想法的，更重要的是其他在旁邊觀望的粉絲們，你愈有誠意去面對處理批評，愈有可能得到比較好的評價。

在網路危機出現時，除了道歉認錯之外，還有一個原則也很重要，就是儘量「冷處理」（不是不處理）。網路上的真理永遠不會愈辯愈明，只會愈辯愈迷糊，公說公有理、婆說婆有理，信者恆信，不信者恆不信，很多事的真相早已是羅生門，解釋再多也沒用，好好安撫相關者的心情才是最重要的，完全沒必要爭個你死我活。

最重要的是，不要讓這個危機無限延燒擴大，本來只是一個小火苗，最後變成了森林大火，那公關人員就罪無可恕了。我們不指望每次都可以化危機為轉機，但至少要儘量大事化小、小事化無，千萬不能變成火上澆油。

處理危機的最後一個重點，就是千萬「不能刪留言或負評」。這應該是基本常識了，現在網友都很聰明，很多人在留言批評的當下也會順便截圖留存證據，萬一你刪了負評，他們就把這個截圖拿到爆料公社再痛罵你一頓。要知道，自家後院失火還有機會撲滅，如果有人跑去別人的地盤放火，你就只能眼睜睜地看著大火蔓延開來，所以千萬不要做這種有百害而無一利的舉動，寧可花時間好好一一回覆安撫網友，也絕對絕對不要刪除或隱藏留言。

三、危機發生後

大家注意到我上面說的危機處理流程中，最後一項不是「放鞭炮慶祝」，而是「檢討改進」。

所有危機的發生都一定有其原因，一開始不用急著去究責，先解決當下的狀況最重要。但當危機處理到一個段落之後，一定要安排時間從頭到腳徹底進行大體檢，看看究竟哪裡的螺絲鬆了？並且思考未來如何避免同樣問題重複發生？

例如黃市長粉絲專頁如果在一個月前落羽松新聞事件時就發現社群小編或外包團隊可能有些問題，就應該要訂定更嚴謹的發文流程或審查機制，今後就不會再發生天竺鼠車車蹭熱度的事件了。

如果相關人員想的都是頭過身就過，反正文章刪了過幾天就沒人再討論了，只會抱著這種姑息、僥倖的心態，沒找到問題的主因，保證很快就會再發生第三次、第四次的其他危機。等最後再來怪東怪西、托諉卸責，只會造成更嚴重不可收拾的後果而已。

以上，是我覺得不論企業或公眾人物面對網路危機事件的正確應對方式，如果你們真的很在意自己的品牌形象，最好事先考慮周全一些，安排專職人員做這件事，小心才能駛得萬年船。

虛實整合
達到更好的行銷成效

結合線上、線下，才能獲得最大行銷效果

我們公司雖然叫做「數位行銷」有限公司，但在過往幫客戶操作的許多經驗當中，我發現真正讓行銷發揮更大效果的方法，有時不一定是只仰賴網路虛擬世界，而是最好可以做到「虛實整合」，結合線上與線下，會有更加倍的效果，所謂 O2O 的意思，就是 Online to Offline，或是顛倒過來也可以：Offline to Online。

線下有很多幫助行銷的方法，大家最耳熟能詳的，就是經由所謂的「活動公關公司」，透過舉辦發佈會、座談會、講座課程、園遊會、音樂會等等各式各樣的活動，把要宣傳的主題、內容融合在各種活動裡，目的可能是吸引相關的族群。

因為來參加活動，順帶瞭解了產品或企業；也可能是希望創造一些新聞話題報導，營造品牌形象。

預算有限，可以舉辦哪些線下活動？

對於中小企業來說，在預算和人力有限的情況下，不一定能夠舉辦很大型的活動，但仍可以舉辦一些小型針對客戶的贈獎活動，常見的有以下幾種活動型態：

- 會員消費集點活動。
- 留資料抽獎摸彩活動。
- 請客戶打卡、給評論送獎品活動。
- 節慶優惠或送禮活動（如生日、母親節、周年慶、過年福袋等）。
- 特殊折扣好康活動（如鮭魚之亂、身份證尾數符合給折扣、牛年屬牛活動、疫情 +0 同慶等）。

看起來這些活動好像都和贈獎脫不了關係，但也有少部份活動是針對老客戶所舉辦的，像是 VIP 封館之夜、會員回娘家活動、揪新朋友加入享回饋好康等等，要做這些活動，當然前提就是要先建立好會員資料，平時就經常培養大家的會員意識，再透過這些活動來累積更高的忠誠度，最後讓老客戶帶進新客戶。

以上所提的都是很傳統常見的實體活動，但如果可以做到虛實整合，活動就會不大一樣了。

虛實整合，活動效果加倍

舉例來說，發佈會或記者會，可以舉辦兩場，一場是針對線下客戶，另一種是針對網路上無遠弗屆所有有興趣的人，可能是用 FB 直播，也可能是用 Zoom 會議室，這種線上發佈會甚至頒獎典禮，在去年因為疫情大家應該看過非常多場，但這種只是單純把原本線下活動搬到網路上，還不算非常虛實整合。

我再舉幾個更像虛實整合的行銷案例。有一間公司為了鼓勵粉絲到門市消費，就在 FB 上發佈了一個通關密語，只要到門市報出通關密語，不用消費也可以立刻得到小禮物，主要也是想測試社群平台的粉絲動員情況如何？粉絲究竟能不能轉化成真正的客戶？

還有一間公司在全台灣各地有很多分店，客戶在消費時只要報出會員資料，不但可以累積點數，資料庫還會記錄他每次消費的內容。客戶隨時可以登入那間公司的 APP，查詢自己累積的點數和過去消費記錄，只要累積滿一定的點數，就像信用卡一樣，可以在線上兌換小禮物或參加抽獎，這比起過去要跑到門市使用點數方便多了，更增加了大家消費集點的意願。

我們另外有一個客戶公司賣的是保健食品，這種商品在網路上銷售有很多限制，例如廣告時不能強調療效，不能太強調使用前後對照之類的，試了很多像是拍影片，找見證之類的方法，成績都不是很理想，最後只好用比較迂迴的方式，先舉辦很多場線下講座，先透過網路把有興趣的人吸引過來，再在講座現場置入公司保健食品，雖然要耗費不少人力，但至少找到的對象要精準多了，在線下成交的比例也高許多。

還有一種虛實整合方式，是有計畫性的邀請網紅、部落客來舉辦實體活動，例如試吃會、產品發表會、下午茶會之類的，讓他們在現場實際體驗感受相關商品，回去之後就可以在自己的頻道上發表感想，基本上和記者會的邏輯很像，只是邀請對象從記者變成自媒體經營者，而且這些人回去寫（拍）的內容大部份都還要另外給稿費。很久以前我就曾參加過很多次「部落客旅行團」，這種把意見領袖抓出來一群一群體驗產品，再給好康讓他們回去發揮影響力的方法，其實都還挺有效的。

最後再舉一個案例，有間公司想推銷產品的對象是家中有2～3歲孩子的年輕媽媽，於是他們在網路上成立了很多個社群平台，專門經營媽媽族群，讓她們在社群裡互相支持、吐苦水，提供給這些媽媽們很多協助。然後三不五時會在這些社群平台上舉辦線上抽獎活動，粉絲只要留下真實資料就可以參加抽獎，這間公司再組成電話行銷團隊，專門針對這些有留資料的媽媽打電話一對一行銷。雖然前面是用虛擬網路經營，但真正要想收單有業績，還是要靠強大的電話行銷業務人員支援才做得到。

網路力量真的是很大，但有時見面三分情，透過真人講電話或在實體活動見到面時，可能對客戶的影響更加深遠。所以我想提醒大家不要一味只想透過網路來達到所有的行銷成果，小編也不要永遠都只想躲在幕後，不願接觸真實人群，其實偶爾試著虛實整合，撥時間和粉絲說說話、見見面，可能會有出乎意料的行銷成效。

你可能不適合經營網路社群

不同銷售目標，適合不同行銷方式

網路行銷的方法有百百種，當我們因為某種需要想做網路行銷時，最重要的是先列出你的目標、對象、時間、預算等等，而不是人云亦云，聽到別人說什麼就做什麼，因為適合別人的方法不一定適合你，別人做得到的你也不一定做得到。

舉例來說，如果你有一間小小的實體門市，你的目標是希望「增加來客數」，或是「增加門市業績」，在網路行銷上的做法可能會更偏向在地客戶以及老客戶的經營，看能不能透過老客戶帶進一些新客戶。甚至也會透過虛實整合，舉辦一些網路＋實體的 O2O 活動，導引線上粉絲能夠來到店裡做更多消費。

如果你今天主要是想經營「網路商城」，而不是衝門市業績，除了商品本身的特殊性與競爭力很重要之外（因為大家更容易在網路上搜尋比較），商城產品頁的內容優化、KOL 口碑操作，搭配網路廣告投放等等，就會變成是主要的行銷關鍵。

所以每種不同的目標，在不同的條件下，方法是完全不一樣的。身為一個老闆，切忌目標太多，想法變來變去，今天想要宣傳公司品牌形象，明天又想賣商品，後天覺得好像發展聯盟行銷也不錯，最後目標太分散的結果，就是每個目標的成效都很緩慢，甚至會很難成功，而且下面工作的人也很辛苦，搞不清楚老闆或公司究竟要做的是什麼？明明是老闆三心二意，最後看不到具體成績還要被罵。

先確認你的行銷目標

我們是一間網路行銷、代客操作公司，因為可以做的範疇很廣，所以每次遇到來找我們幫忙的客戶時，第一件事絕對是釐清楚客戶具體的目標是什麼？然後才是規劃實施策略，選擇要使用的工具。

以現在最常見、最流行的行銷工具「臉書粉絲專頁」來說好了，大部份公司的情況是「因為別人都有做，所以我也要做」，但成立了粉絲專頁，客人就會自動跑來，業績就會自動成長了嗎？這是完全不可能會發生的幻想，如果只是把粉絲專頁當成佈告欄，每天張貼你們家的產品訊息，那幾乎是不會帶來什麼成效的，不用浪費這個時間了，乾脆把這些精力全挪去買各種廣告算了（前提是你要有廣告預算，而且還要懂得下廣告技巧）。

其實所有社群平台，最重要的優點，是它們具有可以「凝聚相關聯人群」的能力，而不是被你當成免費佈告欄使用。當你成立了一個公司的官方粉絲團，每天一直貼公司各項產品資訊，會吸引上來按讚互動的粉絲是誰？當然還是你原本死忠的客戶，這些人本來就一直有在買你們家的產品，所以要透過這個官方粉絲團達到「業績提昇」的目標，基本上是不大可能的。

用佈告欄方式來經營社群，如果希望業績要有所提昇，不是你們公司推出新商品，或來個跳樓大拍賣特價活動，否則怎麼會有新的訂單？這種一直消耗原本客戶的方法，只能治標不能治本，長期下來是不會有好結果的。真正治本的方式是要去開發新的客戶，這時我們主要會用的不外乎是兩個途徑，一個是透過買廣告接觸不同族群，另一個是想辦法去經營一個可能符合目標消費族群的「非官方」社群平台，先找到行銷對象，再去想辦法慢慢置入商品。

前者成效很快，錢花下去立刻就會看到訂單，後者很慢，要很有耐心，可能半年、一年以上都不一定有效果，所以99%的公司都是選擇用前面投放廣告的方式。但這就是一場龜兔賽跑，如果你有一定的恆心和耐心，成功經營出真正的社群，吸引到大量原本不認識你們的潛在消費者，未來就算不再投放廣告，也可能會持續帶進收益，而且還可能會增加公司好感度與品牌知名度。

相反地，如果你只依賴廣告投放，當有一天轉換率愈來愈低想暫停時，業績會立刻歸零，所有的一切都會打回到原點。

投放廣告、經營社群不一定互斥

當然，這兩種方法並不互斥，一個有遠見的老闆，永遠不會把雞蛋放在同一個籃子裡，他會一開始就分配好相對應的預算，一面默默經營社群，另一方面也投放廣告，等社群慢慢壯大之後，就可以愈來愈不那麼依賴廣告效益了。

我們最怕遇到那種意志不堅定，想法變來變去的客戶，明明也知道經營社群要花時間，不會立刻看到成效，但只要業績一下滑，一聽到有人給他新建議，就忘了初衷，馬上放棄之前的努力，開始斤斤計較每分錢的投報率，打亂之前所有的佈局和行銷步驟，最後白白浪費了辛苦累積起來的資源，那還不如你一開始就選擇買廣告的方式來宣傳產品算了。

很多人都只聽說過「社群經營」帶來的美好遠景，但卻沒想到「社群經營」要投注的心血也是相當巨大的，更不是一蹴可幾的成果，要有恆心、毅力持續經營才做得到。

如果你沒這種時間精力去經營互動，也沒耐心慢慢等待，就去專心投入其他更符合你需求的行銷方式吧，否則最後只會畫虎不成反類犬而已。

Part 4

數位行銷的未來趨勢篇

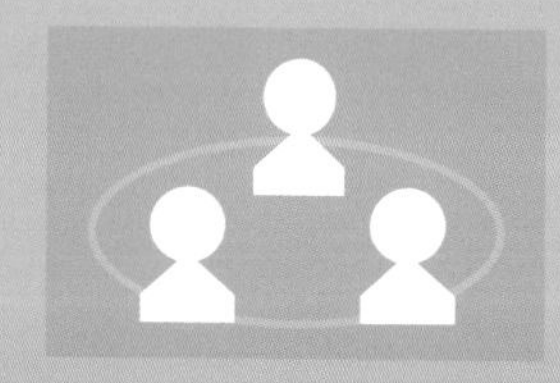

台灣直播帶貨的春天到了嗎？

大陸的直播帶貨適合台灣嗎？

我有不少客戶都很「迷信」一件事，他們總有著不曉得哪裡聽來的都市傳奇，說某某名人直播一次就賣了上千件商品，進帳幾千萬，然後就一直希望我們也可以幫他們多做一些直播導購，好像只有透過直播才能把商品一次大量賣出去！

大陸從 2018 到 2020 年，這種成功案例更多，羅永浩靠著直播帶貨半年還清了一大半的債務，周杰倫直播一次光靠打賞就賺進上億人民幣（後來據說全數捐做公益），包括淘寶、抖音、快手，每天都在找不同的明星開直播賣東西，讓直播帶貨突然蔚為風潮，變成成功行銷的模式，好像你再不做就落伍了。

回到台灣，除了遊戲類直播之外，主要直播賣東西還是透過三個平台，第一是 Facebook（或 IG）、第二是 Youtube、第三是直播 APP，很遺憾的是，現今這三種平台都不像大陸是那麼方便直播賣東西的好管道，而且台灣人目前還不像大陸人習慣在購物網站上看直播選東西。（Line 直播需要是綠色的企業帳號，一般公司是無法進行的）

直播賣貨的幾個重要條件

不論大陸或台灣，我覺得要透過直播把東西成功賣出去，有幾個先決條件：

一、看直播的人很輕鬆可以一面觀看一面下單，下了單之後，最好還可以很方便的立刻付款，以免一大堆人事後反悔，導致棄單太多。

二、直播賣的東西最好就像團購一樣超級無敵便宜，或是市場現在很稀缺的商品，或是透過直播做首購，外面根本還買不到。

三、直播主有一定知名度或號召力，面對鏡頭不怯場，口條又好，就像電視購物專家一樣可以把商品講得天花亂墜，不但完全不會心虛或害羞，還能夠帶動氣氛，讓觀眾有邊看邊下單的衝動。

四、直播平台或直播主本身已經累積了一定粉絲人數，一打開直播就有足夠的鐵粉觀眾，甚至願意把內容再分享出去（可能要搭配誘因），這樣同時在線觀看人數才會夠多。

以上幾個直播導購的條件都不容易，你覺得自己具備了幾個條件呢？別說四者都具備，很多公司連一個條件都沒有，卻想著只要開直播就可以把東西賣出去，這豈不是天方夜譚嗎？

台灣目前的直播帶貨市場分析

你可能覺得我太危言聳聽，台灣現在不是也很多人透過 FB 直播賣魚貨、賣珠寶、賣面膜，都賺的嚇嚇叫。但如果你仔細觀察，這些透過直播賣出去的商品，很少是知名搶手的大品牌商品，因為這些大品牌完全不需要透過直播去搞低價促銷、跳樓大拍賣，如果他們在 PChome、MOMO 本來就賣得好好的，有沒有做直播究竟差別在那裡？

我再舉幾個簡單的例子。有個朋友是賣珠寶飾品的，有段時間也很迷信直播賣東西，為了吸引大家上來購買，她時不時會在直播間舉辦一元起標的活動，但每次直播活動當中，她都要早早安排好幾個樁腳，這些樁腳除了要進來競標炒熱氣氛之外，最重要的任務是如果競標價格不滿意時，要出高價把東西買回去。

我還有個朋友是澎湖人，每次看到某個澎湖的海鮮店又在 FB 直播賣魚時，對於畫面裡各式各樣的「新鮮」漁貨，總會一直搖頭，和我說那些魚大部份都是當地人不吃的劣質品，而且就算不加運費的價格也比當地要貴上太多，只有我們這種少見多怪的台北俗才會想買。

所以羊毛出在羊身上，大家真的覺得透過直播能撿到什麼便宜大好康嗎？換做你是老闆，能夠用正常管道賣很好的商品，又何必透過直播低價出清呢？

不是直播帶貨這種型態沒有效，它其實就和從前電視購物很像，只是大家把平台從電視轉移到網路而已，以前讓大家打電話進來訂購，現在改成一面看一面就可以網路下單。可能這世界上真的有人就很喜歡看「購物頻道」，一天到晚在看有什麼新鮮好康吸引人或可以撿漏，但不要忘了，就算是電視購物，要在一個時段賣出爆量的業績，也有太多的準備工作要先做好，不是一播出就會有人看、一賣東西訂單就會源源不絕。

相反地，現在吸引眼球的地方太多，而網友的耐心又愈來愈少，單純直播賣東西，沒有一些新創意，恐怕只會愈來愈難。

（否則為什麼第四台電視購物頻道現在不直接順便開放直播購物就好？）

直播帶貨的關鍵重點

我上面提的四個先決條件中，最重要的其實是第一點：一個超方便的下單付款環境。因為看了直播會想下單的人，多半帶著一點衝動的情緒，如果不能讓他馬上下單、馬上付完錢，下一分鐘可能就後悔了。

台灣在這點偏偏就落後（安全）大陸許多，這麼久了，還是無法像微信支付或支付寶一樣，手機按幾個密碼對方馬上就收到錢，這對一直想透過直播賣東西的公司來說，還是一個需要克服的門檻。

最近，應該是跟著大陸的風潮，我開始看到愈來愈多台灣網站標謗自己是「直播帶貨第一平台」，進入他們網站之後，的確會看到每天都有不少直播節目，但大部份的節目品質都很不怎麼樣，看得出來是用一支手機拍出來的，主持人和賣的商品也都沒聽過，所以觀看人數都不多，更不用說業績有多少。

這是一個雞生蛋、蛋生雞的問題，沒有人看，怎麼會有業績？沒有人看，怎麼會有人想在上面直播？沒有名人或好康的直播，就更不會有人想鎖定這種網站看一整天了。重點是，這些平台老闆有沒有把它當一回事，願意花大錢邀請名人來站台，願意用心去製作每一檔直播節目，而且時不時端出真的很吸引觀眾的好康牛肉，先做出網站的知名度，慢慢培養起粉絲的習慣，再加上創造一個很方便在手機上一面觀看一面下單的環境，才能夠先把平台做成功，未來才有可能會有業績。

或許，我覺得在台灣這種專做直播帶貨的網站不一定會成功，但如果現在比較熱門的商城平台，如 PChome、MOMO、蝦皮等等，全都變成如同大陸淘寶、抖音一樣，邀請了一堆明星，幾乎每間店每天都在做直播賣東西，說不定反而有可能培養出大家觀看的習慣。

到時候，直播的意義又不一樣了，它會變成和顧客溝通的一個管道、大特價出清商品存貨的管道、聯繫顧客感情的一個管道，等到大家習慣從「逛網站血拚」變成「逛直播血拚」時，這就有機會產生另一種不同的消費型態了。

就讓我們繼續觀察看看，台灣的直播帶貨會不會像大陸一樣發生質變＋量變，迎來它的春天吧！

微型電商是台灣下波網購熱潮

電商其實就是「電子商務」的簡稱，這年頭只要想在網路上賣東西，都可以稱之為電商。大抵來說，台灣現在想做電商有幾種選擇：

- 自架網站（其中又有不同的選擇，容後再說）。
- 在別人的平台開店。
- 直接在別人的商城裡寄賣。

經過這麼多年的演變，這三種方式都還存在，也各自有其優缺點。

在開店成本低的平台開店

先說在別人的平台開店，早期有奇摩拍賣、PChome商店街，現在比較多人則是選擇在蝦皮購物、樂天開店，這算是成本最低，開站速度最快的方式，以前這些開店平台要收年費，現在競爭這麼激烈，很多平台連年費都不收了，只要東西賣出去再付手續費即可。基本上完成身份認證，連金流都不用申請，幾分鐘之內就可以開好一間網店，開始你的電商人生，我有個親戚自己一個人做造型蛋糕，就只有在蝦皮開店，賣得嚇嚇叫，每天生意應接不暇。

當然，在別人的平台開店因為成本很低，就不能要求太多了。網店版型可能大家都長一樣，給你最基本的功能，會不會有人上來參觀？會員資料能不能匯出後續使用？有沒有什麼折價券、Email電子報的行銷功能？就只能等平台方大發善心，彙集大家的需求之後慢慢更新提供。

像蝦皮、樂天這樣的平台愈有名、流量愈大，你的網店人潮當然也可能會變多，如果你願意在平台多花一些廣告費，也會有更好的曝光機會。不過你一定要有心理準備，基本上會到這種平台消費的人，99% 都是想要比價，如果你的產品沒有特殊性，價格又沒有什麼優勢，會很難吸引網友的眼球目光。

進入大型購物網站開店

如果你的公司或品牌夠知名，就有機會直接進入像PChome、MOMO、松果之類的大型購物網站，成為駐站品牌之一。優點是不用個別培養網友對你們商店的熟悉度和信任感，大家相信的是這個購物平台，而且客戶很容易在別的品牌那裡買了A商品之後，順便也買你們家有相關聯的B商品，你們也會省下不少客服人力。一般來說，尤其是最剛開始時，業績可能會比自己獨立架站開店更好一些。

這樣做的缺點當然也有，首先，不是你想進入這些大型網購平台就可以進的，而且一旦商品上架之後，平台抽取的佣金分潤當然會比你自己賣高出許多，為了要保持送貨速度，通常也要壓一定庫存量在統一倉庫。

消費者在這種平台還是會比價，而且可能還會在不同平台之間比來比去，看哪裡賣得比較便宜就在那裡買。

最後最致命的缺點是，透過別人的網購平台販賣商品，一樣是比較難以累積自己的會員資料。有消費過的人當然會有寄送聯絡資料，但如果只是感興趣卻還未購買的人，就不容易追蹤他們的足跡，事後再透過廣告投放吸引他們回頭購買了。

也因此，有愈來愈多人選擇「自己架站開店」這條路，然而，這通常也是最辛苦要花最多力氣的一條路。

自己架站開店

首先，你必須要有架站的知識和耐心，前者可以委外完成，後者則是要有心理準備，一般架站最少花 2~3 個月時間，慢的花上半年、一年都有可能（你的需求會不斷增加，系統愈做愈龐大複雜）。其次，你必須先投入一筆架站費用，現在雖然有很多現成的開店模組可以租用，但網址、主機、金流、版型編排調校等等花個 5 ～ 10 萬元是很正常的。一個稍微複雜的商城系統，如果不是租用現成模組，花費 80 ～ 100 萬左右都是合理的。

這些都只是剛開始而已，接下來才是大挑戰，要一個一個把你的商品上架（可能還要先花錢幫商品拍美美的相片），還要做好商品頁的內容來優化搜尋引擎，再來則是要開始思考該辦什麼網路活動才能吸引人進來？要在哪裡買廣告做導購？

在平台開店和自己架站開店的差別，前者就像在大型百貨公司或夜市租一個攤位，後者則是比較像找一塊沒人經過的空地自己開一間門市。網店通常比實體店面難經營之處在於，如果沒有行銷管道、行銷活動，最慘的情況可能連一個過路客都不會有。

有弊當然一定也有利，否則為什麼大家要一直傻傻的想自己架站開店？自架商城網站最大的好處，就是從網址就開始建立自己的品牌信任感，加上不用和別人抽成分潤、想要什麼擴充功能都可以不受限、後續會員經營管理很方便、想辦什麼行銷活動不用看人臉色等等。

自架商城與會員經營才做得到的事

之前有提過「會員經營管理」的重要性，如果自架商城網站，又和 Line、FB 做好串連，再把會員資料、消費資料和通訊方式三者做完美的串連，後續在做行銷或客戶服務上會更加無往不利。

我舉幾個簡單的例子：

- 生日當天收到商城祝賀簡訊（或收到的是 Line、Messenger 訊息更好），並附上限當天（周）使用的超值優惠 e-coupon 券。

- 統計商城這個月消費最頻繁或金額最高的會員，發送感謝信加回饋小禮物，增加他們的黏著度。
- 透過在商城的消費記錄或瀏覽記錄，得知會員可能的興趣，發送給他真正感興趣的新品資訊。
- 客戶在商城的消費都有累積點數，客戶可以隨時使用 Line 來查詢點數、兌換折價等等。

這些體貼功能看起來沒什麼了不起，但如果不是自架商城系統，想把會員資料做深度分析運用，是很不容易做到的。

微網店是新選擇

接下來，網購和電子商務這件事會有什麼變化呢？我覺得比較大的變化應該是在手機購物上，而且大家可能還是會到 PChome、MOMO 那些大型電商平台上消費，所以透過 API 外掛功能，未來可能會有愈來愈多公司把網站和 Line 或 FB 做結合，讓大家用社群帳號綁定會員之後，就可以輕輕鬆鬆在手機上進入微網店選購及下單。

這些微網店的應用會愈來愈多元，不只是實體商品，虛擬課程、活動報名、旅館民宿預訂等等，

全都不用再下載 APP 或是進入某個網站，只要打開 Line 官方帳號或 FB Messenger 就可以消費交易。

相較於架設一個複雜的購物網站來說，我相信這種透過社群平台 API 串接架設的微型電商網站會愈來愈流行，就如同自架網站一般，功能和選擇會愈來愈多，價格也會愈來愈親民，人人都可以做電商，人人都可以透過自己的社交工具（平台）賣東西，也透過這些社交工具做會員管理，與客戶保持聯繫。

大陸早在五、六年前，微商城就在微信公眾號上百花齊放，我相信台灣很快也會走到這一步，就讓我們拭目以待吧！

微網紅其實是行銷新趨勢

從知名部落客到 YouTuber

你也夢想成為一個網紅嗎？十年前，還沒有網紅這個名詞，那時候最紅的是「部落客」，比較有名氣、流量比較大的叫做「知名部落客」；五、六年前，直播平台開始流行，這些專門開直播唱歌聊天和粉絲互動的人稱之為「直播主」；這兩、三年，認真經營 Youtube 頻道的人被稱為「Youtuber」。

其實，不論是部落客、直播主、Youtuber，甚至是在 FB 上粉絲很多的「粉絲團版主」，他們都有一個共同的稱謂，就是「網路紅人」，簡稱「網紅」。

不論是哪一種網紅，他們的特色就是網路上有影響力的意見領袖，因為有影響力，所以可以靠這些影響力做一些事，小到接業配廣告代言，中到發起團購開公司變成老闆，大到出來選舉變成民意代表。

當然，聰明的網紅都會懂得愛惜羽毛，所謂「影響力愈大、責任也就愈大」，所以他們大部份在網路上的一言一行都會很小心謹慎，因為水能載舟亦能覆舟。

如何成為成功的網紅？

要如何成為一個成功的網紅呢？我覺得不論用哪個平台，一開始的「人設」很重要，絕大部份成功的網紅，都有很鮮明容易讓人留下深刻印象的人設。

像一想到館長，就會想到他在直播中的大炮性格和江湖口吻；一想到 How 哥，就會想到他是個什麼都能演的業配天王；一想到呂秋遠律師，絕對不會只想到他的法律專業，而是會覺得他是一個經常為弱勢發聲、針砭時事的作家。

所以，如果你也想立志成為一個網紅，第一件事就是要設想一下「你給自己的角色定位」是什麼？

你希望未來在別人眼中你是怎樣的一個人？最好也想一下這個角色定位，在台灣是不是已經有了這樣一位很知名的網紅了？當然，有為者亦若是，但如果一直做不出差異性，未來有天被人說是東施效顰就不好了。

要找到一個從來沒有人嘗試過的角色定位的確不容易，但如果可以找到一些跨界（現在流行說斜槓）的領域，通常會少見一點。例如我的好朋友蔡志雄律師，他不僅在律師的領域表現傑出，後來投資房地產進而變成相當知名的「包租公」，他一直也以同時擁有兩種身份為榮。

又比如說我的學生林靜如不僅是律師老婆（律師娘）的身份，她出版了多本暢銷著作，還創立了娘子軍公司，專門提供婦女各種進修管道，幫助她們走出原本一成不變的生活圈。

等你確定了人設之後，接下來就是找個適合的平台，持之以恆的耕耘了，不論是寫文章、拍影片、錄聲音、做直播都好，最好是自己比較擅長的項目。

然後記得不要忘了你的人設初衷，從版型、簡介、網友互動到每一則內容都要符合你的人設，千萬不要三心兩意，讓人捉摸不定。

倘若你有辦法持續創作半年以上，就有機會成為一個奈米網紅；如果能夠持續一年以上，可能會成為一個小網紅；如果內容真的很不錯，又可以維持兩年以上，累積到一定粉絲數，或許你就已經是一個網紅了。

網紅有沒有標準？從行銷公司的角度來看

究竟要多少粉絲數，才能算是網紅？這可真是個大哉問，應該說每個人、每個廠商心中都有一把尺，但大家都沒有絕對的數字。

根據我個人的經驗，在 FB 粉絲團的世界裡，大概要 10 萬粉絲才勉強算是個咖；在 IG 的世界裡，至少要 1 萬粉絲，廠商才能在你的限動裡放廣告連結；在 Youtube 的世界裡，訂閱數有 5 萬人可以算是初步的小成功，應該就開始會有廠商或業配找上門了。

這其中有個重點，如果你設定的領域很少人在經營，你剛好佔了第一個位置，不但很容易讓人留下深刻印象，有時粉絲數不用太多，也可能會被當成是個網紅。

例如我有個朋友在經營禮儀公司，曾經錄過幾十支影片在講解葬禮儀式，也出過一本相關著作，雖然後續沒有持續更新內容，累積的粉絲數和訂閱數都不算多，但在那個領域的競爭者畢竟比較少，她也勉強算是一個小網紅了（但應該沒有人想找她業配置入，只能廣告自己公司）。

如果你才剛開始沒多久，粉絲人數還不多，只是一個奈米網紅或微網紅，也不用太氣餒，站在我們這種網路行銷公司的角度來說：

有時與其花大錢找一位很知名很貴的網紅來業配，還不如找一個很認真在創作的小網紅來合作，客戶可以省錢，又有好內容產出。

前提當然是你必須先累積一些好的作品，我想，至少要有10篇以上的文章或10支影片吧！只要內容都有一定水準，就有可能開始吸引廠商或公關公司的眼球了，雖然剛開始你可能得到的只有產品交換，但慢慢累積經驗和口碑之後，說不定遇到一個好機會，就突然一夕爆紅了（因為廠商有時會下廣告預算在這些好的業配內容上，反而可以幫你免費增加曝光度）。

網紅的世界浮浮沈沈，前兩年紅的人，到了明後年未必還有人記得，江山代有人才出，每年都會有爆紅的人，前提是你要先踏出第一步，才有機會被看到，如果都只是看著別人的成功乾羨慕，你一輩子也不可能變成網紅。

募資成功的重要關鍵

台灣近年來的募資販售商品風潮

這幾年群眾募資網站愈來愈夯，幾乎什麼東西都可以來募資一番，每次看到募資頁面上動不動就達成 1000% 目標，隨便就募到幾百萬，總是讓人羨慕不已，心想是不是也把某個想像中的商品拿出來募資看看，等先籌夠了錢再進行製作，順便也先試試市場水溫。

募資網站的邏輯很簡單：一個人有了某個點子，但是不夠錢去實現，所以先來向大家募款，有點像是預購，把錢先湊夠了就可以去完成那個點子，這些願意參與募資的人也可以在第一時間用最便宜的價格拿到商品。

這些募資點子可以是千奇百怪，出書、出唱片、辦演唱會、開店、做出某款新商品、錄製線上課程都可以，只要不違法或違反善良風俗，應該都可以進行群眾募資。而且因為不同商品的 Know how 不同，現在也愈來愈多募資平台，只把專注力集中在某種類型商品上，例如 Hahow 就是專門做課程募資的平台。

隨著募資平台愈來愈多，我發現這一兩年出現了很多怪現象，最常見的情況就是，把明明已經做出來的產品還放上募資平台，打著募資的名義，其實就是在販售商品，連預購都說不上，而且這些商品很多在淘寶就可以買到了，價格甚至比募資平台上還便宜，真是有點莫名奇妙，但總還是會有一堆人被騙就是了。

還有一種情況完全相反，就是影片拍的超棒，影片裡的樣品看似無所不能，但募資都結束了很久很久，還是拿不到成品，錢也不一定退得回來，最後很多投資者都求助無門，這種募資詐騙案也是層出不窮。但說實話，也很難定義他就是存心詐騙，有可能是創作者當初的想像太樂觀，結果錢都燒光了，產品卻做不出來，不是故意的，因為錢都用完了怎麼有辦法退還款？

最後還有一種很奇妙的現象，就是明明這個人看起來沒那麼缺錢，他的產品其實完全不需要募資，就算自費也能完成，他只是想透過募資平台先試試水溫，看看產品的受歡迎度如何？其實說穿了這不叫募資，這叫做「產品預購」，粉絲好友因為相信他所以願意先付錢預購，而且在預購期間價格比較便宜，未來還可以第一波搶先拿到產品。

那個人可能沒有產品網站，沒辦法讓大家先付款預訂，之後也有一些出貨配送問題很麻煩，所以乾脆和募資網站合作，把這些收單、收錢、出貨的事全都交給他們，然後把「販賣商品」換個更激勵人心的名詞「群眾募資」，感覺好像很趕得上潮流，貨會好賣很多。

募資平台的運作流程

募資平台和預購平台最大的差異就是，募資平台會設定目標。例如一開始設定賣 100 份，如果賣成功了，就是達成率 100%，如果賣了 1,000 份，就是達成率 1000%，大家還會比較你是「多快」達成設定的目標。

我看過有一上線就「秒達目標」的產品，當然，這和產品的價格、期待度、宣傳力道與募資者知名度都很有關係，更重要的關鍵是一開始設定的目標低一點，成績看起來就亮眼許多。

募資過程通常會分成三階段，第一階段是「募資期」，這時的價格通常是最便宜的，期間可能會在一個月左右，接下來就是「產品出貨期」，價格可能會是募資期的２～３倍左右，最後就是「正常販售」期，完全就是用定價來販賣。

也有產品只有兩階段，等募資結束就不賣了，理論上產品已經做出來，就可以用一般正常的通路來販售了。

大家可以想像，三階段中最多人會下單購買的就是第一個階段，因為看起來最划算，所以募資產品的定價策略是非常非常重要的。

一次成功募資的必要要素

要完成一次成功的募資，要準備的事情非常多，比較認真的募資平台會幫你一起企劃整個專案，畢竟他們每年要操作那麼多商品，一定最瞭解怎麼樣才賣得動。但也有一些平台單純就只是開放讓你上架，其他一切的內容規劃、製作、宣傳都要靠自己。不同平台也會從你的知名度高低、這個專案他們要投入的資源多寡，來和每個募資發起人簽下不同的抽成比例，從不同管道帶進來的訂單，通常抽成比例也不同，一般來說，如果是透過募資者自己帶來的訂單，平台抽很少，但如果是陌生人的訂單，平台就會抽很多。

如果你想要發起一個募資案，除了要慎選平台之外，也有很多基本工作要先準備好，例如：

- 想好募資故事（說明初衷或源起）
- 產品功能詳細描述
- 精美產品相片（示意圖）
- 打動人心的產品推銷影片
- 部份產品 Demo
- 募資者個人介紹等等

這其中最重要也最困難的就是「產品推銷影片」，除非你本來就是個名人，只要一開口大家就會響應，否則拍一支你個人很誠懇推銷產品、說明理念的影片，或是用樣品機來展示未來可能成果，通常也是最吸引眼球，大家決定會不會幫助你募資的重要關鍵。

這裡有個矛盾的地方，大家應該都看過很多拍得超棒的募資影片，一看完就讓你想掏錢，巴不得明天就收到產品，但能夠做出這麼酷炫影片的募資專案，通常要不是產品本來已經很成熟了，不然就是募資者其實自己還有不少錢可以拍影片，計畫用這支好影片再募到更多更多的錢。相反地，那些真正很窮沒錢開發產品的人，往往也很難拍出一支像樣的影片，然後募資就不那麼容易成功。

募資也需要大量行銷預算

除了上述基本要做的工作之外，其實一個募資案要成功，幕後還有很多要準備的事，包括宣傳計畫（廣告策略、線上線下活動、更多影片拍攝、大眾媒體曝光等）、樁腳動員、不定期釋出半完成品之類的。尤其是宣傳計畫，千萬別倚賴募資平台會花大錢幫你做宣傳，每個月在他們平台上架的募資專案這麼多，你可以分到的資源是很有限的，還是要靠自己多想辦法，甚至額外支出一些廣告費用才會有好成績。

要有好的產品介紹影片、要買廣告推廣專案，這些都需要花錢，所以就像所有的行銷案一樣，最好在發動前事先預留一筆宣傳費用，至於要準備多少？就如同我之前談行銷預算時說的原理一樣，還是要從你的目標回推，目標設的愈高，要準備投入的費用當然也就愈高，目標低一點，可能就不用花那麼多錢了。要完全不花錢就達成目標，有時不是那麼容易的事。

募資過程的週期變化

募資專案的第一周最重要。通常，你所有親朋好友會買的人，第一時間就下單了。

第二周才是真正挑戰的開始，有些人會用團購、鼓勵揪團的方式，讓朋友的朋友也一起參加集資活動。

到了第三周，一定要開始跳出同溫層，讓你的募資專案被更多陌生人看到，這時可能就會需要一些廣告或大眾媒體的力量。

到了最後一周，可能就要用價格對比，讓大家知道錯過了產品就會調回原價，會有多大的損失，或用哀兵策略，和大家說離目標還剩多遠之類的。

不同募資平台運作的邏輯可能稍有不同，但站在平台的角度，絕對不會所有的募資商品都很成功，有的看起來會大賣，有的看起來賣相不佳，有的或許要賭賭看才知道。所以他們勢必也不會把所有的行銷資源都平均分配給每一個專案，換做是你，會投資在看起來比較容易成功或容易失敗的案子上呢？答案應該很清楚。所以，你一開始就要把專案內容製作的愈完整，看起來愈吸引人愈好，就算把手上所有資源全都投進去也不為過，然後儘量動員所有親友都在第一時間就下單，創造很高的目標達成率，營造一種受歡迎的氛圍，平台可能也會因此想多花一些資源幫你做行銷曝光。

當然，想做出一個成功的募資案，最重要的還是將心比心，站在你只是一個陌生人的立場，看到募資專案上的產品描述、功能說明、未來遠景、Demo 影片，真的會感到心動嗎？如果連你自己都沒辦法打動自己，那就算上線了想募資成功也是很困難啊！

團購的號角正響起

商家自己做團購

王大媽想買一件商品，原價 1,000 元，加上運費 150 元，但網站上說只要單次購買滿 3,000 元就免運費，於是她就問了隔壁鄰居陳太太和李小姐要不要買？因為湊 3 件就可以免運費，等貨到大家再來分就好。

這就是最早期的團購雛形，初衷是為了省一些運費，大家才湊團一起購買。後來，這個團購慢慢就衍伸出各式各樣的變形，現在反而變成一種新興的消費模式。

我們可以把團購分成三方面：商家、主揪者（團購主）、被揪者（粉絲、消費者）。

早期商家是被蒙在鼓裡的，單純是主揪者私下自發的行為，但現在卻不完全是這樣，很多商家反而主動在找主揪者，甚至在購物網站上開發了一些方便團購的機制，例如可以讓一堆彼此不認識的同好在商品下方 +1 或下單，等累積一定人數就直接成團，金流、物流都是分開的，但這也算是一種團購型態。

你別說沒見過這種機制，說穿了，現在一堆群眾募資網站也算是團購的一種，當湊到一定人數時就解鎖某種優惠或好康贈品，差別是消費者最後「不一定」拿得到商品而已。

主揪者是團購核心

眾所皆知，團購當中最重要的成功關鍵就在「主揪者」身上，他也是最辛苦的角色，從發起、聯繫、下訂、付款、收貨、分貨、退貨、處理客訴等等工作幾乎全都由這個人負責，他甚至取代了很多商家本來需要做的工作，所以如果「主揪者」本人只有「省運費」這個誘因，誰要做這種苦差事？就算再熱心的里長伯也不願意。

大家要知道，收到商品都沒問題時皆大歡喜，大家可能也只是口頭上說聲「謝謝」，但只要商品出了任何大小問題，主揪者可能就立刻被罵個半死，陷入不停處理客訴的無底深淵，或是被當做是和商家一樣的「共犯」，這其實是一份吃力不討好的工作。

主揪者真的很辛苦，團購流程中最麻煩的一段其實是在分送貨品，一般為了節省運費，商家都是統一把商品寄到主揪者那裡，再由主揪者自己負責分貨。如果被揪者都是左鄰右舍也就算了，如果都是不熟的網友，那只能一一送貨去給他們，或請他們到固定地點取貨，不論是何種方式都很耗時費力。

其實不只是分貨，收錢也很痛苦。在大陸可能微信支付轉一下一秒鐘解決，在台灣不是每個人都會用 WebATM，而且轉了帳還要去核對帳號後幾碼，如果要用貨到付款，就要面對可能 +1 之後棄單或人間蒸發的風險，不論如何只要訂單量一大都很不輕鬆。

商家可以提供主揪者什麼好處？

大部份主揪者一開始是因為「熱心」和「對商品本身有興趣」，要是還能一直持續揪團下去，就勢必須要有一些好處了。一般常見對於主揪者的好處如下：

一、商家可能私下有買十送一之類的優惠，所以主揪者自己買的那份可以不用花錢。

二、只要每賣出一份，主揪者就可以私下得到商家 XX% 的回饋金。

三、如果商品好用，主揪者可以得到參加團購者的好感度與公信力，最後具有影響力。

四、主揪者如果有一定知名度，可以經常得到商家給的諸多免費試用品。

五、主揪者挾著大批訂單的優勢，可以針對自己很想要的商品，主動向商家要求很好的折扣優惠。

因為揪團這件事各項工作繁雜，偶一為之也就算了，如果要經常揪團，光靠熱忱很難做得好，所以久而久之，團購主也變成了一項正式的職業，參加團購的人也大概清楚主揪者有上述的好處，反正購買者本身也有得到好處（折扣優惠、方便拿貨），所以大家就逐漸形成一種利益共生的關係。

要知道，這些團購主認真起來，收入也是相當可觀的（去看看全台灣最有名的團購主 486，每年發多少年終獎金就曉得了）。

團購的成功案例

我舉一個之前聽說過的成功案例。有個早期相當知名的美食部落客，用他的影響力在 FB 上成立了一個封閉社團，只開放給很死忠、互動多年的鐵粉加入，人數大約在幾千人左右。社團裡除了這位部落客會定期分享美食景點之外，時不時會有一些很好康的團購優惠，團購商品的種類五花八門，單價多半不低，所以給起折扣來也相當有吸引力。譬如某五星級飯店就曾經把原價兩萬元一晚的住宿券，讓這位部落客在社團裡團購銷售，價格最低只要五折也就是一萬元，但限制只能平日去消費。這間飯店平時很少有折扣，所以看起來非常好康，很多粉絲一看就瘋狂搶購，部落客甚至還加碼提供筆電、手機、紅包之類的加碼禮品，給所有購買住宿券的粉絲抽獎。最後在社團裡竟然不到一星期就賣掉了上千張的住宿券。

部落客為什麼還願意主動出錢提供加碼禮品？當然羊毛出在羊身上，每張住宿卷他拿到的成本價最低是 2 ～ 3 折左右，量愈多愈便宜，不用先買斷，賣多少抽多少，而且部落客只要把訂購者名單給飯店就好了，飯店負責去收錢，以及把住宿券寄送到購買的粉絲手裡。

假設用 3 折來計算好了，每賣出一張券部落客就可以淨賺 4,000 元，1 千張就是賺 400 萬元，從頭到尾只花了一星期左右的時間。

而且這個案例最厲害的地方，就是創造了三贏的局面：

- 飯店成功把平日沒人住的空房間清出去，營造每日客滿的形象。而且一般外面的消費者並不曉得有這麼好康的方案，不會影響正常銷售。
- 買的粉絲們也很開心，只要用外面買不到的五折價格就可以入住五星級飯店，實在很划算。
- 賣的部落客當然更開心，不但可以輕鬆數鈔票，商品本身的高品牌知名度還連帶提昇了他的個人形象。

這件事會不會很奇怪？大家都很開心，那究竟是誰不開心呢？上述這個案例中，最不開心的其實是旅行社，因為以前賣便宜住宿券的角色其實是他們，只是他們可能必須要全部買斷，但他們販售時不用（也不行）打到對折，這樣做太破壞市場行情也沒必要，因此最多是打到 7 ～ 8 折，雖然扣掉進貨成本賺得不少，但風險是如果最後賣不掉就虧大了。

然而，當知名部落客搖身一變成為團購主之後，旅行社的角色就突然被取代了，實在有些不勝唏嘘。

後續更誇張的是，我聽說當這種模式愈來愈流行時，飯店業者也學聰明了，他們開始篩選和要求這些團購主互相競爭，例如每次找 5 個團購主一起賣，賣最差的 2 人下次就沒機會再賣券了，用這種方式來激勵團購主想方設法賣出更多數量的商品。

簡單說，如果商品夠熱門搶手，商家當然就比較多籌碼；反之如果商品沒品牌、不好賣，團購主就有比較多的談判空間了。

團購其實也是社群經營

從上面的這個案例看得出來，想成為一個成功的主揪團購主（不是業餘玩玩），最重要的就是在你究竟可以掌握多少的「被揪者」粉絲們？而且你對這些被揪者的影響力大不大？有沒有辦法一呼百諾？

之前疫情沒那麼嚴重時，有很多團購主動不動就飛日本、韓國、歐洲去逛商店，看中什麼商品就直接在 Line 群組拍相片、影片、做直播，秀給她的所有粉絲們看，因為這些粉絲都很信任這個團購主的眼光，所以一看到商品就開始

+1，瞬間就得到大批訂單，然後團購主就在現場把訂單給商家，由當地商家直接寄貨到台灣，他是不用自己帶貨回來的。

這種現場看貨、在線上秀貨、直接販售的型態，早就不再是以前五分埔那種先憑個人眼光選貨、批貨、擺攤、販售的流程了，就連那些熱門服飾店裡都早就準備好專業的直播設備給團購主使用：

重點是「先有粉絲，而不是先有商品」。

因為見識到很多團購主一擲千單的力量，愈來愈多商家開始找他們合作，希望透過團購的力量來創造高業績。但請務必做好心理準備，就如同上面我提過的，團購主喜歡配合的其實也是那些高知名度、高投報率的商品，既容易揪團成功，又不用擔心售後服務。

相反地，如果你是一個沒沒無名的新品牌，又只捨得給團購主一點點的回饋金，那他們合作的意願當然也不會太高，畢竟要推一個全新商品很不容易，而且如果不小心介紹給粉絲的是又貴又爛的商品，只要失敗一次，口碑就砸了，下次要再成功揪團就不容易了，團購主必須時刻愛惜他們的「羽毛」。

所以，請商家先把自己商品的品牌知名度做到一定程度，再拿比較好的條件去給團購主，讓出最大的「利」爭取第一次的合作，儘量建立雙贏的局面，只要第一批團購成功，口碑回響不錯，要再成功揪第二團、第三團，就更有機會了。

4-6 行銷與 AI 系統的戰爭

社群平台不一定有「人」在管理

想像一下，如果你是 FB 的創辦人馬克 · 佐克伯，經營管理全世界第二多人使用的網路平台，你會把所有一切對使用者的服務全都用人力來操作嗎？那必須要僱用多少員工才夠？

我在網路上查到的資訊，2019 年底時，FB 全球每月使用人數大約是 24 億人，同一時間該公司的員工人數是 4 萬 3 千人，也就是平均下來一個員工大概要服務 5 萬 5 千人左右，雖然現在已經隔了兩年，我猜數字變化不會太大。

我們以台灣臉書的月使用人數約 800 萬人來計算，看起來好像可以分到 145 個員工，但其實臉書員工並不是按照每個國家的使用人口數來分配，可能一半以上的員工都在美國，剩下才分佈在各個國家，而且也並不是每個國家都設有分公司和工作人員。

台灣是一直到 2015 年才有臉書辦公室，目前員工人數應該不多，根據我在網路上查到的資料，去年他們公開招募五種職缺，包括：溝通經理、台灣及香港產業負責人、客戶解決方案經理、合作夥伴經理、創意策略師，看得出來，這些工作要找的都是資深的主管階級，主要目的應該是促進一些大型合作計畫。

不論臉書實際在台灣的員工人數有多少，只要長期經營臉書的人，應該都曉得一件很重要的事：臉書在台灣一直沒有客服人員和工程人員。

所以當你遇到什麼疑難雜症需要解決時，你是無法打客服電話的，只能上網發出客服信件，臉書通常也不會即時回覆，要過一兩天才會收到回信，而且等了很久之後收到的回覆內容看起來也很像是機器人回的，通常無法完全解決你的問題，必須一來一回溝通很多次，直到把你的耐性全消磨光為止。根據我們的經驗，臉書亞洲的總部主要在新加坡，所以只要是寫中文的客服信件，一般都是由新加坡的同仁處理回覆的。

我從一開始到現在說了這麼多臉書的現況，主要是想和大家溝通一個觀念，當我們在使用這種在台灣沒有客服人員的網路平台時，有很多情況都不能用一個「有人在管理」的平台來思考，因為我們在臉書上遇到 99% 的情況，全都是由系統自動化處理的。

社群的自動化管理機制

舉一些例子大家可能更能夠理解我的意思。

有些人或許遇到過被臉書停權的情況，可能是個人帳號停權，可能是粉絲專頁停權，你覺得是哪個「管理人員」看你不爽把你停權嗎？別傻了，誰有這種閒功夫去一一審查每個帳號的使用狀況，這絕對是平台本身有設定一些自動機制，當你在無形中觸發了這些禁制條件之後，「系統」看你的情節輕重，自動判定你要停權多久？

例如：你在一分鐘內按了多少次的讚、你在一分鐘內回了多少留言、你在一分鐘內發出了多少的加好友申請？正常人可能是 10 次，容許值可能在 30 次，如果你超過 30 次，就先跳出警告，超過 50 次，先停權一天，超過 100 次，系統判定這絕對不可能是真人按的，就直接把你永久停權。

再舉一個例子，如果你的粉絲專頁經營一段時間想改名，在後台提出申請之後會進入審查階段。你以為是「真人」在審查嗎？別傻了，全世界每天可能有幾萬個改名需求，臉書怎麼可能派人花這麼多時間去判斷你的改名是否合理？一定是由系統來審核的，有一套 AI 系統在後台，去判斷你送上來的佐證資料是否合理，來決定是不是要通過你的改名申請。

你可能會說，如果系統誤判怎麼辦？如果把不該停權的帳號停權了，把明明看起來沒問題的廣告卻審查不通過，把改名的需求全都不同意，這樣豈不是天下大亂了嗎？

其實，一個 24 億人在使用的網路平台，不出錯是絕對不可能的，只要把出錯率控制在一定比例以下就好了，透過大數據的不斷修正，系統就會愈來愈聰明，出錯的情況也一定會愈來愈改善。更何況，這些人大部份都是免費用戶，出錯了又如何？只要給大家申訴機制，如果真的要派人力，就把客服人力用在申訴管道上就好了。（而且絕對不是第一時間就處理申訴，要先用 AI 來自動回覆處理，如果這個客訴反覆出現一定次數以上，再派真人來處理就好。）

我們如何因應社群的自動化機制

有時候看到台灣一些網紅或名人的粉絲團帳號突然被停權或一夕消失，這些版主可能緊張到覺得天都快塌了，除了申訴之外可能還會開記者會、發新聞稿，一下子很多陰謀論都跑出來，但其實背後通常都沒有任何陰謀，單純可能只是版主無意間不小心觸犯了臉書的某些規則，被系統自動暫時處理而已。

說實話，我們覺得「幾十萬、上百萬」的粉絲團好像很厲害、很重要，但對於擁有「24 億人口的臉書大國」來說，也就是很小的地區裡的一個小帳號而已，何必要對你做什麼陰謀動作？而且說實話，你的大聲哭訴對他們官方來說也是不痛不癢，少了你這個使用者對他們公司不會有任何影響，因為你絕對也不會為了一個帳號去打跨國官司。

再和大家分享一個觀念，站在系統管理方，因為不可能有這麼多工作人員來審核管理所有內容，所以絕大部份的平台都會讓所有使用者一起來管理，才會更有效率。那要如何讓大家共同管理呢？這就牽涉到一個很重要的機制：檢舉功能。

臉書也在很多地方都有設制了檢舉按鈕，如果覺得某個內容讓你不舒服，或是可能違反某些法律或善良風俗，都可以立即按鈕檢舉。

當這個檢舉數量達到一定「比例」時，就會啟動系統自動處理機制先「屏蔽」了再說，寧可錯殺一百，不可放過一個，如果有錯，等當事人來申訴再處理就好。注意，我這裡說的是「比例」，不是「數量」，舉一個最簡單的例子，如果這個粉絲團只有 10 個粉絲，可能 1 個人檢舉就有 1/10 的比例，但如果是 100 萬的粉絲，要達到 1/10 比例的檢舉，可能要 10 萬人，用比例來自動決定處理方式，系統出錯的機率就會比較低一些了。

換句話說，當你的臉書帳號出了什麼問題時，除了檢討你剛剛做了什麼之外，也可能要檢討一下你是不是有很多網路敵人？最有可能的情況是你在很短的時間內被太多人檢舉，才會觸發了臉書的自動停權機制。

這些檢舉者說不定還不是真人，如果你的競爭對手有很多假帳號，也可能用這個方法群起而攻之。當然，臉書也不是笨蛋，事情發生多了，他們也會由帳號的可信度，例如是否來自同一個 IP 等等，去判斷這些檢舉是否可靠。所以如果你想減少被停權這件事，並不是去儘量迎合所有人，而是要讓喜歡的比例遠遠高於檢舉的比例，這樣風險就會愈來愈低了。

身為一家行銷公司，其實我們很多時候就是在和臉書或各大平台的 AI 自動化系統玩諜對諜的遊戲，要怎麼讓你的內容被最多人看到？系統方當然都希望你乖乖花錢買廣告，花愈多錢愈好，但我們客戶的希望肯定是相反的，能花愈少的錢甚至不花錢，才是最棒的，我們公司也希望錢是進到公司戶頭而不是貢獻給臉書，所以我們必須透過各種方法去找到演算法的一些小規律，而且經常與時俱進做機動調整，才能符合系統 AI 喜歡的方式，讓內容做最大的曝光。

所以下次當你再問我臉書為什麼這樣？ Google 為什麼那樣時？或許也可以多多站在系統自動化管理的角度去思考，想想他們為什麼要設計這樣的遊戲規則？找到可能的突破口，久而久之，就比較有可能在遵守遊戲規則的方式下，成為贏家的那一方了。

開始經營你的社群影響力

個人、品牌影響力有時比內容重要

這麼多年來，我在自己開設的「網路行銷實戰團體工作坊」課程中，每周總會安排一些課後作業，有時是要求大家想辦法新增粉絲人數，有時是讓大家回去寫貼文，然後努力增加留言回應數或分享數，我發現有些同學輕而易舉就可以完成作業、任務，甚至會有爆發的成果，有些同學明明內容也不錯，最後互動的成績卻還是不盡理想。

再經過更深入的分析與觀察之後，我歸納出了一個重要的原因：「網路行銷成果的好壞，除了和內容有關之外，個人（品牌）的影響力其實佔更重要的決定因素。」

那些行銷成績好的同學，通常臉書好友人數不會太少，而且他們都會經常和朋友們保持互動，那些行銷成果拉不起來的同學，通常臉書好友人數都不多，而且平常都是潛水族，偶爾幫朋友按個讚，很少發言，更少會去別人的貼文下留言互動。

由此可見，社群影響力不是突然就產生的，通常都是日積月累下來的結果，一分耕耘才會有一分收穫，付出愈多，收穫通常也就愈大。而且社群的影響力都是交互作用的，除非你一開始就是名人、藝人，不需要做什麼也會有幾十萬粉絲，隨便寫什麼都會有人按讚，否則你希望別人來幫你按讚、留言之前，自己就要先主動去和別人互動才行。

如何判斷自己的社群影響力

要怎麼判斷你個人的社群影響力呢？其實有一個很簡單的指標，如果你在臉書上有放自己的生日，不妨計算看看在生日當天有多少人來你塗鴨牆上祝福？就算是簡單一句「生日快樂」都好。你會發現臉書朋友愈多不一定生日祝福就多，通常是和你自己會不會在別人生日時也去為他祝福有更直接的關聯，因為人都是互相的啊，你平時都不理我，不和我互動，為什麼我要特別記得你的生日，還用熱臉去貼你的冷屁股呢？

我很少很少看到一個想做好網路行銷的人，本人卻是一個低調內向、沒有社群影響力的人，如果害怕曝露個人隱私，至少也會用個藝名或是分身帳號，像是早期不露臉的宅女小紅，現在的阿滴教英文，也都是用藝名來和大家互動。

這年頭很火紅的 KOL，是 Key Opinion Leader 的縮寫，中文就是「關鍵意見領袖」，經營什麼平台不重要，重要的是你在某個領域具有一定的影響力，很多人會因為相信你的話，而做出一些選擇或決定。

只要成為 KOL，有了網路社群影響力，不論是廠商業配置入或是賣東西賺錢，一定會比別人擁有更多成功的機會，當然，有時也要揹負更多的社會責任，你可能就無法在網路上隨心所欲亂說話了。

大家都想成為 KOL，都想有一大片的粉絲，都想擁有社群影響力，但所有的 KOL 也都是一步一腳印累積起來的，就算有零星幾個人是一夕爆紅，如果沒有後續持續豐富內容、經營好自己品牌形象、和粉絲保持互動，民意如流水，按讚數也只是「到此一遊」而已，「爆紅」絕對不等於有影響力，沒有影響力的人充其量只能說是網紅，不能算是 KOL。

企業也可以是 KOL

只要打造好你的品牌形象，成為某個領域的 KOL，擁有一群「死忠鐵粉」之後，要做什麼行銷都會比別人容易成功，對於個人是如此，對於企業更是如此，只要有品牌知名度和忠實用戶，推什麼產品都會有一定的銷量，但如果是一個全新沒聽過的品牌，從來沒人用過你的商品，就算東西再好，宣傳起來也一定是「事倍功半」。

至於要如何才能成為一個 KOL ？如何慢慢培養起自己的粉絲、建立社群影響力？我整理了一些步驟：

第一步：找到定位，確定行銷目標對象。
第二步：選擇適合的平台，熟悉平台屬性與功能。
第三步：好內容與持之以恆的經營平台。
第四步：保持社群互動，和粉絲建立感情。
第五步：會員粉絲經營管理，找出你的黃金粉絲。
第六步：虛實整合，凝聚更高的忠誠度。
第七步：出圈，創造擴散效果。

這七個步驟，也就是我即將在「火星學校」新開設的課程內容：「鐵粉品牌王」。如果大家對於如何「磁吸鐵粉，打造超人氣社群品牌」有興趣的話，歡迎一起在線上學習。

按照慣例，我的課程一樣會有循序漸進的實作演練，希望上完兩個月課程之後，你就可以掌握很多經營自媒體的實用訣竅，開始擁有自己的粉絲，朝著成為明日 KOL 大步邁進。

這樣行銷就對了——

老闆主管一定要懂的數位行銷竅門與地雷

The effective social media marketing

作　　者／權自強
執行編輯／方田工作室
美術編輯／遠景企業
封面設計／Bianco Tsai

出 版 者／讚點子數位行銷公司
地　　址／220 新北市板橋區大觀路一段 38 巷 18 號 20 樓
客服專線／02-8968-3089
網　　址／www.greatidea.tw
電子信箱／service@greatidea.tw

經 銷 商／白象文化事業有限公司
地　　址／401 台中市東區和平街 228 巷 44 號
電　　話／04-2220-8589

印　　刷／威創彩藝印製有限公司
地　　址／235 新北市中和區立德街 216 號 5 樓
電　　話／02-2228-9591

ＩＳＢＮ／978-626-95052-0-3
初版二刷／2021 年 11 月 30 日
定　　價／380 元

國家圖書館出版品預行編目 (CIP) 資料

這樣行銷就對了：老闆主管一定要懂的數位行銷竅門與地雷 = The effective social media marketing / 權自強作. -- 初版. -- 新北市：讚點子數位行銷有限公司, 2021.08

面；　公分

ISBN 978-626-95052-0-3 (平裝)

1. 網路行銷 2. 電子商務 3. 網路社群

496　　　　　　　　　　　　　　110014150

網路社群經營行銷找讀點子
為你帶來真實有效業績提昇